品嘗好書 冠群可期

作者專訪

爲了安心享受性生活以及喜悅的懷孕，首先要考慮避孕

成為家庭計畫專家的動機是什麼？

從小我就經常想「為什麼自己是女生」以及「男人和女人有何不同」。我想，性別最大的差距就在於懷孕、生產，所以從學生時代就開始希望能夠成為婦產科醫師。選擇家庭計畫為專攻的關鍵，是大學時曾經聽過我妻堯老師的避孕課程。當時，我認為避孕是婚前才會有的行為。聽說結婚之後要避孕二十年，真是深受打擊，令我非常感興趣。

大學畢業之後成為醫師，從家庭計畫開始發展，也考慮到人口等很多問題。家庭計畫與人口增加或經濟問題有密切的關係。從個人的觀點來看，也可當成夫妻關係或家庭生活的反應，所以可說是範圍非常廣泛的主題。探討這些社會問題和醫療的關係時，產生了「重建健康」、「重拾權利」的概念。

有人說生下孩子的女人最幸福，真是如此嗎？只要生下孩子就好了嗎？這種想法太草率了。想生孩子，但是如果生產會傷害身體，那麼還是不要生比較好，健康管理才是最重要的。如果因為生產而無法實現自我，就不算是幸福的生產，時期和環境都非常重要。從孩子方面來考量母子保健的觀點，我認為家庭計畫非常重要。

醫師妳擁有二個孩子，妳自己的家庭計畫是如何設計的呢？

我打算一生持續工作，所以，一直認真考慮自己最佳的懷孕時機是在什麼時候。畢業後研究結束時大約二十八歲生下長子，半年後有了子宮外孕的經驗。當時我覺得懷孕真是一件可怕的事，覺得可能會因為懷孕而死去。我要強調孕婦產後一定要好好的避孕，儘可能避免接連不斷的生孩子。

子宮外孕之後曾經流產兩次

第二次流產之後感到非常悲傷，為什麼自己會有這種痛苦的回憶呢？當時傷心到連胃都痛了，現在想想，不光是生產的痛苦和喜悅，背負著生產使命的女性，這種悲哀和痛苦實在令人難以想像。後來終於生下了次子，但是當時卻因為迫切流產而住院。我是很容易懷孕，但不容易生產的體質。有了二個孩子之後開始避孕，即使是自然流產還是很痛苦。產後如果不採取確實的避孕法會損傷身體。

當成健康管理的避孕非常重要。醫師，妳是否服用避孕丸呢？

結婚後不久，服用了九個月的低用量避孕丸，覺得非常舒服。為什麼國內不許可這種藥物呢？我真的覺得很不可思議。如果不當成避孕用的藥物可能會得到許可，我認為它是非常安全的藥物。

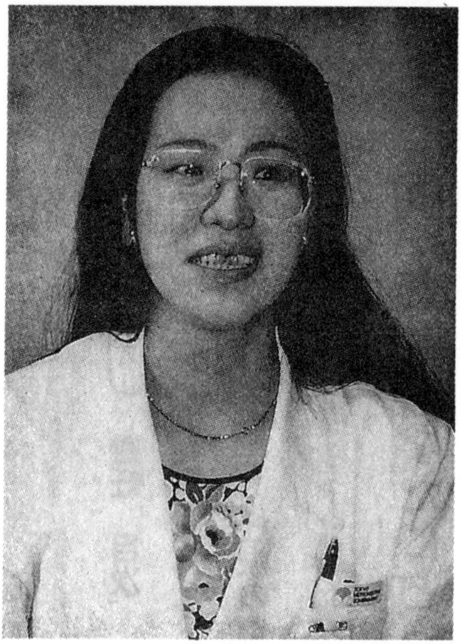

闡述避孕必要性的早乙女智子醫師

事實上，國內女性的社會地位非常低。身為女性、身為醫療從事者，一定要為女人爭一口氣，因此，由前輩堀口雅子醫師和野末悅子醫師為發起人，藉著記者蘆田綠（事務局長）的強力奔走，有志一同的同伴於一九九七年十一月創立了「探討性與健康的女性專家會」。我認為此會根本上就是探討「重建健康——權利」的手段。

妳認為國內避孕的狀況如何？

目前國內這一方面的資訊太少了。「不正確的避孕仍會懷孕，一旦懷孕就糟糕了」，這一點社會大眾都不了解。此外，成熟的大人也沒有告訴年輕人「不要光是討論性行為，要重視自己的性行為，要考慮避孕的問題」。事實上，別說是年輕人了，也有很多三十～四十歲層的女性避孕失敗、動墮胎手術。不光是年輕人必須對避孕有正確的了解，只要是生殖年齡的女性，都應該有這一方面的正確知識。

低用量避孕丸的許可只是時間的問題嗎？

進行輿論調查，發現「不使用避孕丸」的人很多，所以國內有人認為不需要使用避孕丸，以政府無法認同為避孕丸的藥物，詢問一般大眾「妳會使用嗎」，這本身就是很無意義的問題。現代女性擁有主體性、自我意識極高，我想如果實際許可，則使用的人會增加。服用避孕丸能夠完全的避孕，這對自己而言到底具有何種意義呢？我希望大家能夠仔細想想，專家不光是開藥物和處方，也會給予各位愛自己、愛他人，以及生活方式的建議。

目錄

第二章　配合生活形態的避孕法……三二

——獻給目前不想懷孕的女性與伴侶——

第三章　避孕法的種類與特徵……五〇

體驗

我的避孕法

知道避孕丸之後，連婚姻生活的想法都改變了

S・T（25歲）

就職後不久因為嚴重的月經困難症而煩惱，到婦產科就診。當時的治療藥是中用量避孕丸。最初我覺得「有副作用，真的可以服用嗎」，感覺有點不安，服用之後只有最初的兩週有種胸部鬱悶、想吐的感覺，不久就恢復原先的體調。不再因為月經困難症而煩惱，且又能夠避孕，真是一舉兩得。

現在是以避孕為目的而使用，不能包括在健康保險內，要自行付費，不過負擔並不大，所以一直持續服用避孕丸。和交往中的男友預定來年結婚，想等二人的生活穩定之後再生孩子，因此還要持續避孕一陣子。

服用避孕丸不必擔心何時會懷孕，不需要順其自然，一切都在掌控之中。不會承受任何的壓力，而且能夠覺悟到自己的人生由自己來決定，兩個人可以建立幸福

的家庭。我想，結婚後的生活應該會更快樂。

對於保險套感到不安。想要利用更好的避孕法

M・Y（22歲）

我是利用基礎體溫法和保險套避孕。有時忘了量基礎體溫，所以除了確實知道高溫期以外，都使用保險套。拜託他使用，他都很勉強，有時用完就忘了買或者忘了帶，經常膽顫心驚。使用殺精子劑必須要等到它完全融化，有時候會流出來，都不是很好的方法。

一位朋友因為戴保險套失敗而懷孕，我也不知道什麼時候會懷孕，所以在下次生理期到來之前都會感到有點不安……。對我而言，性行為是忘卻壓力、確認愛情的重要行為。希望在性行為時能夠忘記避孕、完全放輕鬆。聽說IUD不適合單身女性，如果低用量避孕丸被許可，我願意試看看。

使用IUD，實行確實的家庭計畫

Y・H（31歲）

我們夫妻是「先上車，後補票」，希望第二個孩子能夠按照計畫出生，經過了

幾番調查，利用最確實的ＩＵＤ來避孕。過了兩年，真的想要第二個孩子時，拿掉ＩＵＤ，半年後懷孕了。目前懷孕六個月。

最初放入ＩＵＤ時，我不知道這個東西是否能避孕，感到半信半疑，事實上我和丈夫都不需要再使用保險套，感覺非常舒適、愉快。

生產之後打算再裝ＩＵＤ。可能的話還想再生一個孩子，等到第二個孩子的育兒工作到了一個段落時，還要拿掉ＩＵＤ再懷孕。

知道ＩＵＤ這種方法，夫妻可以一起商量孩子的數目、避孕的問題，對我而言是最大的收穫。光靠女性來避孕的確很不公平，一旦懷孕，遭遇悲傷下場的還是女性，所以女性必須要擁有自覺，主動避孕比較能安心。

如果已經不再生孩子，可以動不孕手術

R・M（37歲）

前些日子才生下第三胎，產後丈夫來到病房對我說：「看妳肚子痛了三次為我生下孩子，這一次輪到我了。」他因此動了不孕手術。以前不曾聽他說過，所以最初我很驚訝，後來慢慢能夠了解丈夫的心情，我覺得非常高興。聽說手術一下子就

結束了，令他也嚇了一跳。

只有一些親朋好友知道丈夫動了不孕手術，不想再有孩子的夫妻可以慮這個方法。事實上，很多忙著育兒工作的媽媽經常會說「這個月生理期還沒來」、「終於來了」，就好像高中女生在更衣室說的悄悄話一樣。已經不想要孩子了，聽說有不少夫妻因為擔心懷孕而進行無性行為的無性生活。

我們夫妻努力溝通，認為不以生殖為目的的性生活也很重要。看到可愛的小孩，不管是誰都想要孩子，別認為只有妳動過墮胎手術。

第一章 對於性的觀念

性資訊的氾濫與現狀之間的鴻溝

電視廣告上，婚前性行為和床戲都經常登場。有一些偶像歌手們，甚至會很有元氣的唱一些性愛之歌。然而接受這一些資訊的每一個人，對性的意識真的產生變化了嗎？

身為與婦產科醫療有關的醫師，與看門診的女性交談時，不禁感嘆的想要問她們：「妳們對於自己的身體，對於性，具有正確的知識和意志來展現行動嗎？」

十歲層女性的「援助交際」，三十多歲以後伴侶的「無性生活」、「不倫」，以及非常流行的婚外情等等……。這些事項顯示，男性和女性已經不將性愛本身視為是自己和伴侶間的重要問題了。

什麼叫做性？

如果把「性」、「性交」當成男女繁衍子孫的行為，那就太簡單了。很多生物到了繁殖期，只有雄性或雌性的動物在這個時期，會嚴格挑選值得留下種族的對象進行交尾，完成之後就分手，但是人類並沒有一定的發情期。人類是唯一不以生兒育女為目的而進行性行為的「非常奇怪」之動物。

遇到了心儀的對象，互相交談，笑著、看著對方，互相接觸，藉著肌膚之親想更了解對方，感覺非常舒服、愉快。藉著性行為會產生一種與以往截然不同的肉體快感，認為這是很自然的事情，也是一種健康的象徵。就如同食慾、睡眠慾，不論是誰都有性慾，適度的滿足性慾才能夠擁有生活的力量。所以和自己選擇

荻野式避孕法

利用荻野學說推算避孕期的避孕法。原本就不容易了解排卵日，利用過去的月經週期來預測，失敗率非常高。

的伴侶進行性行為，是非常棒的事情。

性行為是非常棒的事情，不要因為「朋友們都做，所以我也做」或「一切順其自然吧」、「真的不喜歡，可是對方要求，無法拒絕」，這些曖昧的情感而接受對方。

性行為之前要了解到性對於自己而言到底是什麼？仔細想清楚這一點非常重要。

重視性生活的歐美夫妻

利用避孕丸來避孕的歐美各國，性行為在與伴侶的關係中具有重要的地位。離婚的第一個理由是「性格不合」，其實都是把「格」這個字拿掉，是因為「性的不合」而造成的。另一方面，無性生活也成為冠冕堂皇的離婚理由。由此可知，歐美的夫妻非常重視性生活。國人對於避孕的意識和對策，和其他的先進諸國相比完全不同，這一點會在第三章為各位詳細敘述。

總之，重視性生活的國家也會認真考慮避孕的問題，而甚至避免討論性的國家，根本就不會去考慮避孕的問題。

性行為之後的懷孕

雖說人類不是為了生殖而進行性行為的動物，但是性行為的確是留下種族的方法。所以性行為之後還有懷孕的問題。國內的女性擔心月經來晚了而到醫院看醫師，醫師告知「妳懷孕了」的時候，很多人都會說「真的嗎？我不認為自己懷孕了」，這樣的女性何其多呀！

詢問之下才發現她們是利用**荻野式避孕法**，認為「今天是安全期」，因此沒有確實的避孕，或者是採用**陰道外射精**等錯誤的方法，或在射精前才戴上**保險套**……，她們避孕的方式太草率了，這真的是**先進國家**的作法嗎？令人感到懷疑。

認為「誰想做愛誰就要避孕」的性行為

問女性「是如何避孕的呢」，回答可能是「我認為應該讓男

陰道外射精

男性射之前中斷性交，防止精子漏在陰道內的避孕法。即使不射精，但是精子已經漏出，失敗而懷孕的機率很高，是非常危險的方法。（參考八十四頁）

保險套

罩在勃起的陰莖上，防止精子漏到子宮內的橡膠製器具。是國內最普遍的避孕器具，但如果使用不正確，失敗的例子非常多。國外大多是用來預防性感染症。（參考七十四頁）

先進國家

經濟、生活水準與歐美各國並駕齊驅的日本，在避孕方面可以算只是開發中國家的階段，這種說

法絕不誇張（開發中國家有時為了抑制人口的成長，會從其他的先進國家導入利用避孕丸或其他荷爾蒙的最新避孕法）。日本人卻不知道這個事實，很多日本女性因為「不希望的懷孕」而生產，從女性權利這一面來看，我認為日本只不過是「開發中國家」而已。

性來避孕」。的確，性行為是兩個人的事情，應該和伴侶一起來探討。如果女性認為「避孕應該由男性來負責」，內心深處可能會有一種「我不想做愛，他想做愛，應該由他來戴保險套才對」的想法。不論是性行為或者是懷孕，將全部的責任都轉嫁到伴侶身上。

我想和他做愛，但是不想懷孕。我真的不想懷孕。如果能以這樣的決心來避孕，實在是太好了。所以一定要先重新改正妳的性愛觀。

享受性生活的建議

性生活是一種順其自然的行為，是一種本能，很多人認為性生活沒什麼循序漸進的步驟可言。但是，不能因為順其自然或因為是本能而避免懷孕。在此，為各位探討不會懷孕、豐富快樂性生活的五大步驟。

STEP 1 能清楚的說「NO」

很多女性認為性的主導權掌握在男性的手中，自己是被動的。一旦懷孕之後，會煩惱要生下來還是不生下來的是女性，所以不論是生產也好、墮胎也好，會對身心造成負擔的只有女性而已。為了保護自己的身體，女性要能夠清楚的說「NO」。當然不是半推半就的說「NO」。首先要清楚的對對方說「我不想和你做愛」，讓對方了解到選擇伴侶的權利在妳身上，要清楚的說「NO」。如果是喝了酒，只有兩人獨處的狀況下，妳恐怕沒有辦法保護自己的身心。

其次，就是「我很喜歡你，很重視你。但目前的時期不適合做愛」，也要清楚的表達「NO」的意願。尤其是年輕的女性，在男性急迫的要求之下雖然覺得還太早了，卻還是勉勉強強的答應了對方的要求。沒有辦法向對方說明自己的想法，不能算是真正的戀愛關係。如果對方因此而拒絕和妳交往也不要緊，一定有

性感染症

以往稱為性病的是梅毒、淋病、軟性下疳、腹股溝淋巴肉芽瘤，現在又加上了因為性交等而感染的愛滋病等疾病，總稱為性感染症（STD）。由於口交、性行為的普遍，喉嚨與性器間造成傳染的衣原體感染症增加了。（詳細請見第四章）。

真正適合當妳伴侶的男性在等著妳。

此外，雖然我現在也想和你做愛，但絕對不可以「沒有避孕措施或無法預防感染症的性愛」，這時也可清楚的說「NO」。

不要被暫時的氣氛所影響，一定要拿出勇氣來，嶄釘截鐵的說「NO」

STEP 2 評估妳進行性行為的危機

搭乘飛機到海外旅行可能會伴隨著墜機的危機。吸煙可能會提高肺癌的危機。不管做任何事情都會有一些危機，做愛也是一樣。性行為會揹負著「懷孕」或「**性感染症**」的危機。

而這個危險性到底有多高呢？要自己來評估，要有清楚的認識才行。百分之百沒有危險性的性行為，雙方伴侶都不會得性感染症的性行為，以及隨時可以由自己決定要懷孕生產的性行為，才是真正好的性行為。其他的危機則包括「知道的危機」、「可以預測的危機」、「不明的危機」、「可能會出現的危機」四種，我們就來檢查一下。

●知道的危機〔危險度80～100%〕

如果知道伴侶以往沒有使用過保險套、或者是不想使用保險套，除此之外，不能進行其他避孕法的話，當然懷孕的危險性就提高了。此外，即使懷孕不見得就會百分之百生產，但又絕對不能夠懷孕，所以有必要提高避孕法的成功性。

如果明白知道伴侶得到性感染症時，得到性感染症的可能性當然也提高了。

如果是與金錢有關的性行為，危險性當然就更高了。頭一次碰面就做愛，對方對妳會做何感想呢？妳完全不知道，因為對方付了妳金錢，認為妳理所當然要對他進行性愛服務。也許妳不打算這麼做，可能會因為這些糾紛而釀成殺人、傷害事件。這一類的危機不光是懷孕，甚至會危及生命。關於性感染症方面，不好好戴保險套，百分之百會感染。並不是說絕對會懷孕，不過女性自主的確實避孕法之必要度提高了。

排卵

卵巢內的卵泡受到荷爾蒙的影響而成熟，從卵巢中釋出，這就稱為排卵。通常一個月發生一次，排卵時期卵子和精子不受精的話，則懷孕不成立。

●可以預測的危機〔危險度50～80％〕

如果妳有月經不順的現象，不知道何時會**排卵**，無法確定懷孕的時期，也會伴隨危機。此外，即使伴侶帶了保險套避孕，不知道他的配戴法是否正確，保險套也可能會破裂，精子外漏。這些都是可以預防的危機。如果伴侶還與其他的女性交往，則也可能會從伴侶那兒感染到性感染症。

●不明的危機〔危險度30～50％〕

此外，還有一些「不了解」的危險性。例如，即使月經週期順利，不能夠完全確實知道所有的排卵日。不知道伴侶是否還有其他的對象，而伴侶過去的性生活有可能感染到疾病。

當然，「有可能會懷孕、生產」的情況或者是確實避孕法的必要度與絕對不能懷孕相比低了一些，如果妳「真的不能生產」，那麼，最好就避免進行性行為，以免自己懷孕。

●可能會出現的危機〔危險度0～30％〕

和伴侶之間充分探討懷孕或性感染症，交往時間很久了，相互了解的兩個人，懷孕、性感染症的危機當然就降低了很多。尤其是關於性感染症方面，如果了解伴侶就沒有危險，不過關於懷孕方面，如果不能到達一個即使懷孕也無所謂的狀況，還是需要確實的避孕法。

不知道各位的懷孕、性感染症之危險度是多少呢？

STEP 3 考慮如何防止危險

估計自己的「懷孕與性感染症的危險性」到底有多少，接下來，就要考慮如何保護自身免於這些危險。

在不久的將來有機會做愛的人，要事先做好避免懷孕的準備。如果是絕對不能懷孕之危險度較高的人，要具有正確的知識，而且要確保值得信賴的商量者，與仔細考慮避孕法。

以往未曾有過性行為，而預測不久就會進行性行為的人，必須要了解什麼是性行為，對於避孕、懷孕也要有正確的知識。

不知道在何時、何地會進行性行為的人，要經常攜帶保險套

正確的使用法與時機

剛勃起時就要戴保險套，直到射精結束為止，殺精子劑則是插入之前（必須要花十分鐘溶化，所以要等十分鐘才能插入，否則效果較差），各避孕器具的使用法及時機各有不同。要在正確的時機正確的使用，否則無法產生效果。

或是殺精子劑等避孕器具。隨身攜帶，若不知用法也是沒有用的（即使是由伴侶使用保險套也是如此），事先一定要牢記**正確的使用法與時機**，才是保護自身的秘訣。

估計過危險性之後，還有一個想法就是「如果懷孕，我們的生活會變成什麼樣子？」還可以繼續學校生活嗎？好不容易習慣了工作，是否要對工作負責呢？在懷孕的狀態下會發生何種問題呢？都必須要想像一下。

此外，還要以冷靜、清晰的頭腦分析這個伴侶是否值得妳為他懷孕、生產、生兒育女呢（值得做愛的人與值得為他懷孕生產的人，有不同的基準）？「我們相愛啊！有什麼不可以」，雖然妳會這麼說，但對於生下的孩子而言，若還沒準備好最好的環境，最好不要輕易嘗試。

STEP 4 與伴侶商量關於性行為及避孕的事項

「我真的不想做愛，但是他很想做愛，我無法拒絕」，女性常會這麼對我說。關於性慾方面，男性是比較衝動、直接的，而女性可能會被動的附和，不過性行為是兩個人的事情。兩個人都覺得愉快是最理想的。

如果是勉強、痛苦的性行為，那麼最好趕緊換個對象，或是拿出勇氣與對方商量，使兩個人都快樂才行。

關於性行為方面，事先告知對方自己能夠允許的最後極限是何種地步，這一點非常重要。如果沒有好好告知對方，可能會在當場或事後造成誤解。妳也可以直接告訴對方：「雖然你想立刻插入，但我希望事前能夠先享受一下快樂。」

還有就是要選擇何種避孕法，兩個人都必須以對方的立場來設想、考慮避孕的方法。國內七～八成的人會使用保險套，不過應該重新找出對兩人最適合的方法。

性行為是非常重要的溝通手段，雙方都有體貼的心才能夠展開豐富的性愛之樂。

STEP 5 該怎麼樣才更快樂?·要掌握對策

自己的人生不能夠交由他人來決定，要自己來決定，自己開闢人生的女性增加了不少。把性行為當成是自己人生的一個場面，要具有主體性。在想做的時候和想做的對象享愛性愛之樂。為了快樂該如何做才好呢?認真考慮這一點沒有什麼難為情的。

就像坐雲霄飛車的人，確認這種工具很安全、中途不會掉下來，才能夠享受其速度和刺激感。

性愛也是同樣的，必須把性愛這個雲霄飛車確認是「安全」的遊戲，從心底和伴侶一起享受快樂。

必須注意的是，雲霄飛車是由遊樂場的管理者來進行安全管理，而性行為則必須由兩人來進行安全管理。為了保護妳自己，同時也為了和伴侶兩個人進行安全管理，一定要一起學會次章的正確知識與方法。

●換個想法

現在的社會上，仍然有不少人是為了想要孩子或留下子孫而體驗頭一次的性愛。但是，我認為應該要捨棄性愛＝懷孕的想法了。

首先要做好安全的避孕措施，專心於性行為，想要孩子的時候就停止避孕，這樣才適合我們目前的生活形態。

將避孕視為是理所當然的性行為，想要孩子時和伴侶兩人多花一點時間探討關於孩子的事情。

如果決定「好，我們來生孩子吧」，在雙方的這種情緒當中、具體的生活面，調整好能夠迎接嬰兒的環境，兩個人衷心的感到喜悅而接受懷孕的事實，這樣才能夠和嬰兒開始幸福的生活。對嬰兒而言，這種在父母期盼之下的懷孕，才是真正的幸福。

第二章 配合生活形態的避孕法

——獻給目前不想懷孕的女性與伴侶——

依年齡不同而改變避孕法的歐美女性

大部分的人都認為「避孕＝保險套」，也許你們會感覺很意外，歐美女性會配合年齡和當時的個人狀況（什麼時候要生孩子、什麼時候不生孩子、生產間隔是幾年、要生幾個孩子）等等而改變避孕法，這已經成為常識了。

國內的女性，很多在結婚之前並沒有性交的經驗，結婚之後認為要趕緊生產、生兒育女，不論男性或女性都有這種觀念，所以並不會切實的尋求正確的避孕法。

但是目前性經驗年輕化，女性意識顯著變化、生活方式有很多不同的選擇，也逐漸有了不結婚要享受自由、不生孩子要享受自由的觀念，所以，比較確實的避孕法也開發出來了。

平均壽命延長之後，育兒之後的人生之路還很長，所以要配合個人的情況分別使用不同的避孕法，這樣才是能夠減輕身體負擔的有益行為。

想像一下自己想過什麼樣的人生

不論男性或女性，發現自己想做的事情、自己開闢道路、靠自己的力量往前走，現在以自立的生活方式為主流的時代終於到來了。對女性而言，擁有避孕法的知識，而且具有加以實行的力量，對於自立的生活方式的確是非常珍貴的武器。

即使不必考慮到這麼遠，例如，不久的將來想要結婚的女性，為了儲蓄結婚資金會努力學習各種存錢的方法，進行最適當的資產運用，同樣的，到了生產適齡期時，如果決定要以讓自己完全接受的方式來生孩子，那麼，就必須要藉著適當的情報員收集情報，同時要實行每一個時期最適當的確實避孕法。

從次項開始，依年代別、狀況別為各位介紹理想的避孕法。但這只是一般的理論，不限於年齡，如果認為自己的狀況符合某些項目時，這些項目可以當作一種參考。

中學生～大學生的避孕法

就肉體和精神面考量，必須要避免的中學生懷孕

國中、高中時期有過性經驗以及性伴侶的人現在很多了。這個世代的人常見的傾向是現實與理想之間的鴻溝非常大。

知道懷孕之後，雖說想要「停止上學，結婚成為母親」，但是由於孕吐無法上體育課，或上課時非常倦怠，結果「醫師，我真的沒有辦法忍受，請為我墮胎吧」。

當然，比起孕吐而言，還有更嚴重的事態在等待著自己，而這些在事前都沒有想像到。事實上，考慮到這些女性今後的人生，最好晚一點再生產。

十五、六歲肉體還不成熟，而且**懷孕中的問題**有很多，生產本身就會造成身體的負擔。況且所生下的嬰兒出現異常的機率非常高。

大學生已經十八歲以上了，肉體方面都已經做好了懷孕、生產的準備。而且就意識而言，比國中、高中生更容易進行實際的判斷，較容易接受懷孕、生產、育兒等的問題，但是原先持續的學業或想要從事的職業等夢想都必須要暫時中斷，所以關於自己的人生方面也會產生一些挫折感。

此外，國中、高中生和大學生經濟比較不穩定，而且伴侶到底是何種人物，決定了是否能夠生產的關鍵。社會經驗較少、精神不成熟的女性，如果伴侶對於剛出生的嬰兒在經濟和精神上都能夠加以支持，那當然沒問題，但是如果做不到，選擇生產將會

懷孕中的問題

健康體女性的懷孕也可能會引起導致流產、早產的迫切流產或迫切早產，還有胎盤異常、浮腫或妊娠中毒症等，懷孕不見得就一定能生下健康寶寶。不論是誰，懷孕時或多或少都有可能產生這些問題。

面臨許多困難。

經由以上的敘述可以了解到國中、高中生和大學生的懷孕，除非條件非常的完善，否則應該百分之百避免。

十歲層青年的保險套失敗率較高

這個時期找到了伴侶，心想「想要和這個人進行性行為」，最初一般是採用保險套或**殺精子劑**等來避孕。

性經驗不成熟，而伴侶也大多不成熟，性行為本身會讓妳感到很驚訝，而且不習慣使用保險套，因為焦躁而失敗的機率也很高。初次使用保險套的男性，在性行為之前就必須要自己先試著學會戴保險套的方法以及確認使用感。

此外，女性也應該知道殺精子劑到底是什麼樣的東西，應該如何插入，都必須要試用看看。當然，試用之後即使不進行性行為也無妨。進行性行為時最好避免單獨使用保險套、殺精子劑，要二者並用。

殺精子劑

這種殺精子劑是軟片狀的，放入陰道內溶解之後能夠殺死精子、防止懷孕。一般藥局就買得到。（詳細請見第三章七十七頁）

習慣性行為之後，基於安心感而懶得使用保險套或殺精子劑。結果心想「一次不用應該沒問題」而導致失敗、懷孕，所以如果有了明確的伴侶而且性交頻率較高，可以更換使用**避孕丸**，若和伴侶是以一對一的正常關係交往下去，利用避孕丸避孕。但伴侶是複數的話，則除了用避孕丸避孕之外，同時還要利用保險套預防ＳＴＤ。

避孕丸
正式名稱是口服避孕藥，為女性荷爾蒙的混合劑。目前用來治療月經困難症等，也可以當成避孕藥來使用。（詳細請見第三章五十五頁）

社會人到新婚時期的避孕法

因為是發展期，避孕要慎重其事

對女性而言，結婚、生產、育兒在人生中占有非常重要的比例，一生中的二十～三十五歲會面臨這個時期。

以往結婚之後就辭去工作，進入家庭是大多數的選擇，而現在即使結婚、生產之後還是要持續工作，或是想在公司裡得到某種程度的地位，從事專門性較高之工作的女性增加了。成為社會

NFP法
完全不使用保險套、避孕丸、IUD等現代避孕法，藉著檢查身體而得知排卵日進行避孕的「自然」避孕法。

人之後，結婚到生下第一子之前的時期，對女性而言是很容易迷惘的時期。

出了社會到決定結婚伴侶的時期，是人生當中最華麗、機會最多的年代。可以戀愛，而且性行為的機會也增加了。也可以說是必須要小心謹慎，注意目前交往的戀人是否會成為今後人生伴侶的階段。事實上，和愛人分手之後才發現自己懷孕，有很多女性擁有這種不幸的經驗。

如果性伴侶已經決定好了，一週有一～二次定期的性關係，持續服用避孕丸是最確實、最好的避孕法。

目前並沒有和特定的人交往，遠距離戀愛中性行為的頻度一個月只有一次，如果每天服用避孕丸當然很辛苦，所以，最好採用配合基礎體溫法和頸管粘液法的**NFP法**以及併用保險套或殺精子劑。

巧妙的使用避孕丸控制懷孕

有很多人認為避孕丸一定要長期服用，但是，也可以短期服用。例如，接下來的半年內因為工作必須要實行大計畫，在這個時期要避免懷孕的話，或者是因為旅行等想要挪開這個月的月經週期等，這些特別的情況短期服用也有效，就算自立刻停止服用也沒有任何的問題。

感覺不到保險套使用感的製品很多都已經上市了，但是對男性而言，懶得戴保險套或者是認為會損害性感，還是有其缺點存在。如果是一對一的固定伴侶，我認為「為什麼要使用保險套呢？使用避孕丸既不會麻煩也不會破壞氣氛，完全不需要擔心懷孕的問題」。

第一胎生產後的避孕法

不容易了解排卵的時期要使用IUD

生產後不久，排卵不規律或者是認為授乳中應該不會懷孕，因為排卵再開始，產後頭一次月經之前懷孕的例子也不少。

這個時期夫妻都必須要進行不習慣的育兒工作。此外，上面一個孩子還不會站，又開始懷孕、生產，這都是比較不好的情況，應該要避免。

所以建議各位採用**ＩＵＤ**。懷孕中定期檢診時開始，我就會和女性討論產後避孕的話題，所以愈來愈多的女性在生產之後裝入ＩＵＤ。想要孩子時只要到醫院去除就可以了，考慮在一定期限內避孕的女性，可以使用這種避孕法。此外，授乳中最好不要服用避孕丸，當然也有服用**迷你避孕丸**的方法，不過國內目前買不到。這種迷你避孕丸有增加母乳量的效果。

停止生產的避孕法

第三胎墮胎的例子很多

大家只注意到十歲層的墮胎手術，認為這個時期的墮胎件數

ＩＵＤ
子宮內避孕器具。在子宮裡放入小器具防止懷孕。（詳細請見第三章六十五頁）

迷你避孕丸
避孕丸中並沒有雌激素，只含有少量的黃體酮。（詳細請見第三章六十九頁）

非常多，但事實上，**三十～四十歲層的人工墮胎件數**非常多。因為經濟的情況，懷了第三胎、第四胎不得不動墮胎手術。

手術後探討關於避孕的問題，很多患者甚至不願意聽說明，她們的理由是「已經不再做愛，所以沒關係」。雖說已經不再做愛，但是對方要求的話，妳能拒絕嗎？希望各位最好具有保護自身的避孕知識！

雖是夫妻，因為不想懷孕而不做愛是很不自然的事情。妳因為雙方都滿足的夫妻關係而感到可恥嗎？「性行為是確認二人愛情、製造生命的重要行為」，希望各位能夠成為將來孩子在人生旅途中的前輩，成為好的性生活典範夫妻。

輸卵管結紮也是一種選擇

生第一胎時還很年輕，二十歲層孩子就可能已經生完了。到了三十～四十歲層迎向更年期停經之前，大概會經過二十幾年的時間，一定要小心謹慎的避孕。

三十～四十歲層的人工墮胎件數

一九九六年，日本厚生省的「優生保護統計」顯示了人工墮胎統計，一千人當中，二十～二十四歲的女性占了十六・八人，三十～三十四歲的女性只有十六・七人，三十五～三十九歲為十六・一人。不滿二十歲的人雖有增加的傾向，但也只有七人。

選擇的方法包括停經之前持續裝ＩＵＤ，或是持續服用避孕丸，如果性交頻度一個月只有一次，也可以併用保險套與殺精子劑以及ＮＦＰ法等。

國內目前認同的ＩＵＤ包括子宮癌檢診在內，一年要進行一次的檢診。長期放入很難拔出，因此，每二～三年就要更新，歐美效果最高，可以持續放五年以上的**附加銅ＩＵＤ**非常普及。

關於避孕丸方面，有人不吸煙，有人持續吸煙到四十五歲左右，不過都沒有問題。

歐美各國不再生孩子的女性大多會進行**輸卵管結紮**等不孕手術。在國內，由於這個方法受到母體保護法的限制，醫師本身不會建議患者這麼做。但是今後不想再生孩子的人，為了避免以後的麻煩，這也是一種選擇的方法。

附加銅ＩＵＤ

為了提高ＩＵＤ的避孕效果而開發出來的小型器具，ＩＵＤ上面放著銅圈的器具。（詳細見第三章六十七頁）

輸卵管結紮

為了避免排卵後的卵子受精，將射精後的精子通道輸卵管結紮起來的手術。（詳細請見第三章六十九頁）

三十五歲以上的避孕法

卵巢從更年期的十年前開始衰退

具體的避孕法就是先前所敘述的「生產結束後的避孕法」，不過三十五歲以後是女性肉體會產生變化的時期，因此，為各位說明一下包括**更年期**在內的問題。

據說更年期是從四十五歲開始，但是很多人會懷疑「為什麼談到三十五歲呢」？

三十幾歲體力不輸給年輕人，生活穩定，可說是女性人生中最充實的時期。但遺憾的是，身體已經開始老化了。卵巢的衰退據說是從三十五歲開始。

婦產科醫師認為生產的適齡期是二十五歲～三十五歲，理由就在於這一點。

更年期

包括停經在內，前後大約十年。日本女性平均停經年齡為五十～五十一歲，不過，一般是指四十五～五十五歲。

更年期懷孕也是有的

卵巢開始老化之後逐漸縮小、變硬。就算裡面還留有卵子也無法順利排卵，月經的規律容易紊亂。原本以二十八天為週期來月經的人，月經可能會慢慢的延遲或提早，敏感的人會察覺到體調的變化。

即使以往使用NFP法避孕的人，三十五歲以後很難確實得知排卵日，因此採取避孕丸或IUD等其他的方法比較確實。一旦排卵，當然會懷孕，所以流產率很高，而懷孕本身會對身體造成極大的負擔。

因為意外的懷孕而感到驚訝，有人會試著經過十幾年後的生產，而有的人則哭哭啼啼的決定要動墮胎手術，不管哪一種選擇都是非常痛苦的選擇，各位別忘了這一點。

依年代別、性行為頻度別建議的避孕法

年代	一週三次以上	一週一～二次	一個月一～二次
國中、高中生	避孕丸	因為性經驗的年數較短，最好使用避孕丸。若能夠正確使用，也可以使用ＮＦＰ法，或者是保險套加殺精子劑。	使用ＮＦＰ法、保險套加殺精子劑。
大學生	避孕丸 如有複數的性伴侶或經常更換性伴侶，為了預防性感染症要併用保險套。	最好使用避孕丸	使用ＮＦＰ法、保險套加殺精子劑。

對象	避孕方法	補充	其他
單身的社會人士	避孕丸	如有複數的性伴侶或經常更換性伴侶，為了預防性感染症要併用保險套。	使用NFP法、保險套加殺精子劑。
新婚女性	如果不希望立刻懷孕，要利用避孕丸確實避孕。		
育兒中的女性	要好好確立第二子、第三子的生產計畫，利用避孕丸或IUD確實避孕。		
生產結束後的女性	避孕丸 IUD 依生產結束時年齡的不同，可以使用避孕丸或IUD	如果夫妻間同意，可以進行不孕手術。	使用NFP法、保險套加殺精子劑。

有了孩子才結婚的婚姻漏洞

似乎在反應日本無法徹底傳達避孕資訊的現狀，近年來懷孕之後才結婚的情形增加了，占初產婦的三成左右。會和這個人結婚，可能二人只不過都到了適齡期，或者是「反正已經懷孕了，就結婚好了」，因而走向結婚的終點。

兩個人原本都是希望經由戀愛而走向共同經營家庭的目標，想要持續快樂的關係，相反的，很多人在結婚之後相互責怪對方、發出不滿的聲音。

這時最可憐的就是孩子了，精神上父母會認為「都是因為有了你才結婚……」，在這樣的心情下迎向子女的出生，怎麼可能孕育出好孩子呢?

很多男性甚至不願意結婚，卻因為奉子成婚，心中有一股無法宣洩的怨氣。男性可能會認為這對他並不公平，而且在社會上「我知道了，我和妳結婚，我會負責當孩子的父親」有這種度量的男性並不多。

所以，我對於因為懷孕而結婚的伴侶有二個請求。一是「生產之前要趕緊調整好迎接孩子的環境」。所謂的環境就是一家三口能夠穩定居住的地方，以及三個人衣食無缺的經濟基礎，此外，還有成為父親、母親來迎接嬰兒，一家三口能夠幸福生活的心理準備。

另外一個請求就是「同樣的失敗不要再出現」。

就算日後能夠過著快樂的日子，但不論男性或女性，都推翻了以往的計畫。兩個人的人生計畫不要因為再度的「懷孕」而被打亂，這才是成熟大人的做法。

一切順其自然的話，不知道會懷孕、生產多少次，所以從下一次開始，兩人一定要好好的商量，決定懷孕的時期。而且在此之前一定要好好的避孕。

第三章 避孕法的種類與特徵

各種避孕法的優、缺點

避孕法包括不讓精子進入子宮內的遮斷法（保險套、殺精子劑、子宮帽等）以及抑制排卵的方法（避孕丸、**注射法**、**皮下埋入法**），不讓受精卵著床的方法（ＩＵＤ）等，有的是只有在使用的時候不會懷孕的可逆避孕法，有的則是結紮輸精管或輸卵管，永遠不可能懷孕的永久不孕法（參考圖）。

永久不孕法或者是ＩＵＤ等要動手術插入器具，之後就不用擔心懷孕的問題了，所以不用每次都做好避孕的準備，而保險套

注射法

很難得到避孕丸或忘了服用避孕丸的可能性很高，很難產生避孕效果時，可以進行使用荷爾蒙的避孕法。將荷爾蒙進行肌肉注射，抑制一定時間內的排卵。（詳細請見六十八頁）

皮下埋入法

與注射法同樣，是在避孕丸很難產生效果時所採用的荷爾蒙避孕法。將含有荷爾蒙的膠囊埋入手臂的皮下。（詳細請見六十八頁）

所有的避孕法

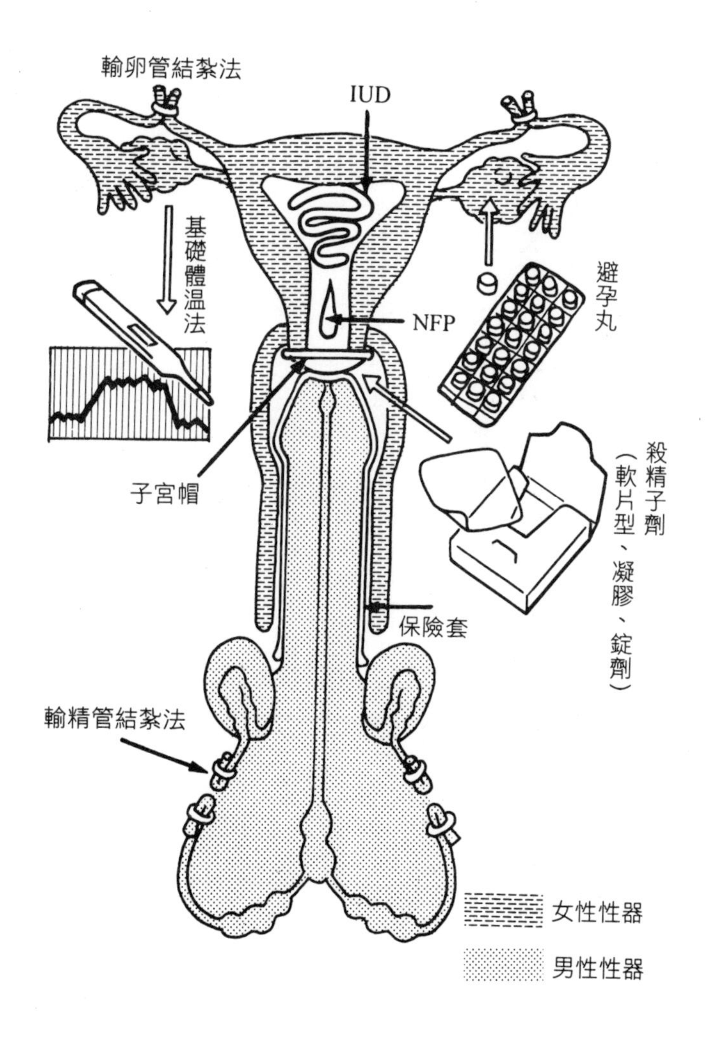
輸卵管結紮法
IUD
基礎體温法
避孕丸
NFP
殺精子劑（軟片型、凝膠、錠劑）
子宮帽
保險套
輸精管結紮法
女性性器
男性性器

、殺精子劑等在性交時使用的東西，做法一定要正確才能避孕。經由自己的身體知道排卵日的ＮＦＰ法則，是每天要自行檢查。避孕丸必須要每天服用，為了在性交時能完全的享受性愛之樂，日常生活中絕不可以掉以輕心。

規則法

記錄月經週期、推測排卵期，是用來避孕的方法。可以參照荻野式避孕法。

選擇最適合自己的避孕法來實行

各種避孕法在開始的一年內失敗率（懷孕率）如次頁表所示。國內一般所使用的保險套、殺精子劑等，以及預測排卵日的**規則法**等，都是失敗率極高的避孕法。

相反的，避孕丸或是ＩＵＤ，只要使用方法正確，則失敗率非常低，不過國內幾乎很少使用。

失敗率高就表示容易懷孕，這也意味著很多人拼命想要避孕，結果卻不小心懷孕。遺憾的是國內的懷孕大多不是原先期待的懷孕，而是不想要的懷孕。

在第二章生活形態中建議的避孕法，必須要配合妳自己的情

各種避孕法與失敗率

方　法	失敗率	
	普通使用的情況	完美使用的情況
低用量避孕丸	3~6%	0.1%
迷你避孕丸	3~6%	0.5%
IUD	2.0%	1.5%
DEPO · PROVERA	0.3%	0.3%
皮下埋入法	0.09%	0.09%
緊急避孕法(避孕丸)	失敗率 25%…抑制懷孕達到 75%	
保險套	12%	3%
子宮帽	18%	6%
殺精子劑	21%	6%
規則法	20%	1~9%
女性不孕手術	0.4%	0.4%
男性不孕手術	0.1%	0.1%
不避孕	85%	

根據 16th Contraceptive Technology（Irvington Publishers, Inc.）

避孕藥與避孕器具

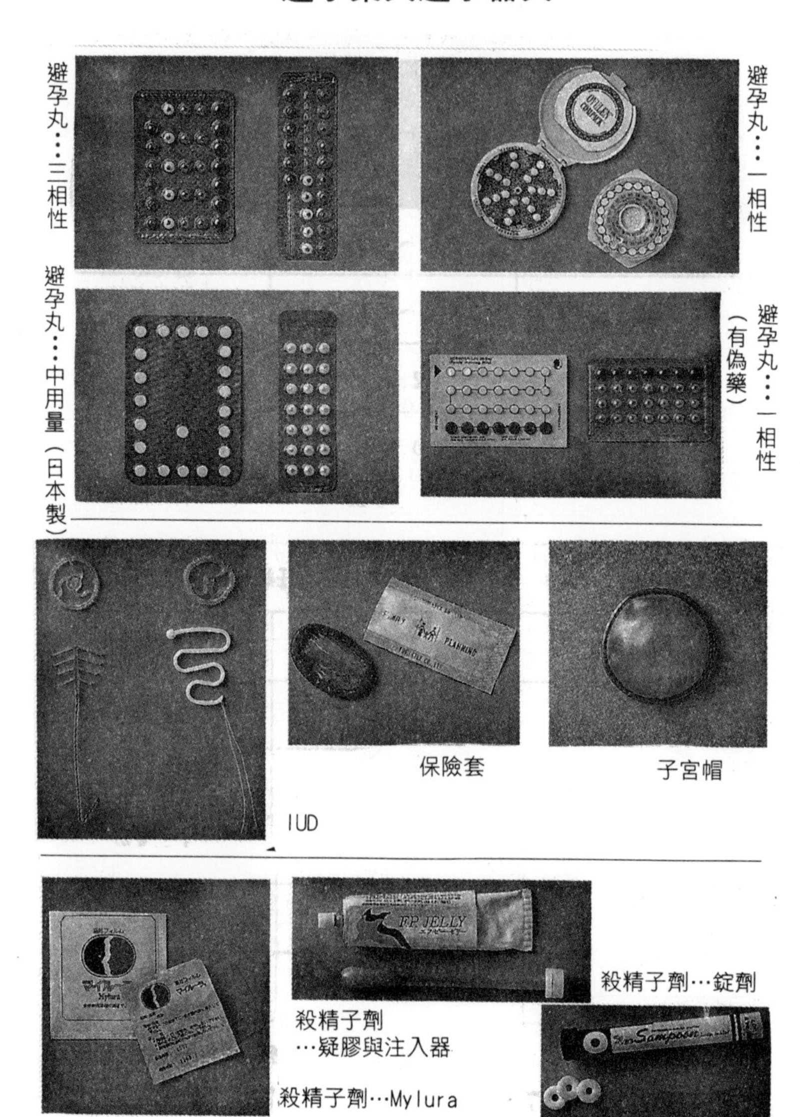

避孕丸…三相性

避孕丸…一相性

避孕丸…中用量（日本製）

避孕丸…一相性（有偽藥）

IUD

保險套

子宮帽

殺精子劑…Mylura

殺精子劑…疑膠與注入器

殺精子劑…錠劑

況、妳自己的性格（是否能夠忍受麻煩，是否具有不受氣氛誘惑的理性等等）來考量，要實行最適合自己的避孕法。

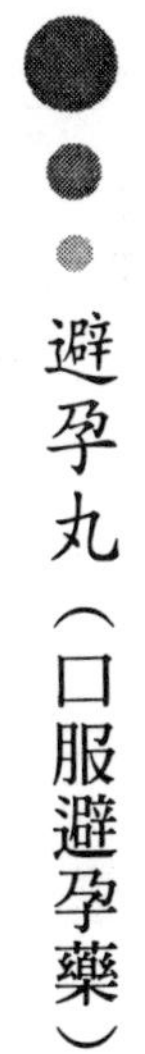

避孕丸（口服避孕藥）

定期服用確實能夠避孕

避孕丸在國內非常的有名，不知道大家對它有何印象？是否應該使用，具有贊否二種不同的想法。各種的聲音反映各種的立場，不見得都是正確的。避孕丸是指女生荷爾蒙混合劑，只要定期服用確實能夠避孕，能夠幫助女性自己本身，決定要不要懷孕以及何時懷孕的藥物。**除了日本以外，在世界各地廣泛使用的避孕丸**，一九八〇年代以後，成為最安全、最普遍的避孕法，不過像日本則不允許避孕藥的使用。

日本到了一九九八年七月，**不允許使用避孕用的避孕丸**，會在第六章為各位詳細敘述，而我感到很奇怪的問題就是「使用避

除了日本以外，在世界各地廣泛使用的避孕丸

根據美國凱薩家庭財團在一九九四～一九九五年的電話訪談，發現有過性經驗的女性使用避孕丸的情況如下，占美國二千零二人有效回答者的百分之二十五，占加拿大一千人中的百分之三十，占荷蘭一千零一人中的百分之四十四。

不允許使用避孕用的避孕丸

中、高用量避孕丸目前只允許當成月經不順或月經困難症的治療用藥，日本目前可以不使用健康保險，以自費的方式購買來當成避孕用品。

避孕＝避孕丸，STD預防＝保險套

稱為雙重荷蘭法，是最新的懷孕、性感染症預防概念。

孕丸避孕最好」，可是為什麼日本卻不允許使用避孕丸呢？即使允許使用避孕丸，可是對國內女性而言並沒有義務一定要使用避孕丸避孕。如果認為「我不想使用」那就不要使用。但是想使用的人都無法使用，這種現況的確令人覺得很可笑。

應該儘早通過避孕丸的使用許可

接下來探討幾個問題，也就是「少子化的現象」——原因應該不是出在避孕丸。要改善少子化的現象，必須要幫助二十～三十歲層的女性，使她們在完善的環境之下生子。如果社會能夠成立一個更容易讓女性育兒的環境，相信少子化現象就會減少了。想生孩子但不能生孩子的狀況下，以及目前不想生孩子的人，想要一一了解其原因是很困難的。

「風紀不良」——這也不是避孕丸的錯誤啊。只是大人們並沒有好好的教導子女性教育的觀念。大人擁有很棒的性關係，為了保護子女的身體，可以和子女談關於避孕丸、保險套以及愛與性等問題，給予其建議的話，就能夠避免不希望的懷孕或愛滋病等ＳＴＤ的感染了。

「不使用保險套，愛滋病等ＳＴＤ蔓延」——這句話就好像在說「國人是笨蛋」一樣。習慣使用保險套的國人如果進行正確教育、具有正確知識的話，就應該能夠區分**避孕＝避孕丸，ＳＴＤ預防＝保險套**這樣的做法了。

「避孕的責任交給女性負責，男性對於性行為不負責任的做法太過分了。」——認為**光由女性來避孕是很不公平**的人，心想只要用保險套避孕就好了。但是，各位一定要記住避孕並不只是在當場進行的方法而已。

「女性的立場愈來愈弱了」——如果允許避孕丸的使用，女性會不會被伴侶強制服用避孕丸，強力要求不想要的性行為呢?!難道國內的女性真的是「弱者」？真的沒有「主體性」？女性對於自己的身體應該要擁有權利，在世界女性會議中也應該得到訴說自己主張的機會。

光由女性來避孕是很不公平

男性的精巢是製造精子的工廠，因此很難採用停止生產線的避孕法，只能採用停止輸送的輸精管結紮法或保險套。目前還在研究不使精子製造出來的荷爾蒙注射法，如果不解決每週注射的缺點，可能無法實用化。此外，也有利用綿籽油做成的男性用避孕丸，但是長期服用的話就沒有精子，到時候會導致不孕。雖然二十一世紀對避孕的想法和方法改變了，但是，我想目前最好的做法還是以女性本身想不想懷孕為基準。

有人說「女性愈來愈強了」，但是避孕丸的服用卻無法得到許可，難道這是男性的真心話?!難道男性真的有太多的被害妄想，沒有避孕丸就能夠讓女性得到她所不希望的懷孕機會而專心生產、育兒的工作，也許就沒有女性和男性搶飯碗了。

但是，我認為男性這種想法太過於自私自利了，希望避孕丸可以趕緊得到許可。

避孕丸是指抑制排卵的荷爾蒙混合劑

避孕丸正確的說法是口服避孕藥，美國的**平卡斯博士**注意到懷孕時不會排卵，所以，他想如果多給予一些**黃體酮**變成好像懷孕時的樣子，應該就不會懷孕了，以這個想法為關鍵而開發出避孕丸。

避孕丸在第五章的月經構造中也會出現，是雌激素和**孕激素**組合而成的混合劑，服用之後會對荷爾蒙的司令塔腦的丘腦下部產生作用，抑制性腺刺激荷爾蒙的分泌，停止排卵。此外，也會

平卡斯博士

一九五五年在美國維塞斯塔研究所工作的葛雷格里・平卡斯博士，注意到黃體素的抑制排卵作用而進行研究，在日本所進行的國際家庭計畫聯盟會議發表出來時，成為開發避孕丸的出發點。

黃體酮（黃體素）

由黃體、胎盤、副腎皮質、精巢所分泌的性類固醇荷爾蒙。

孕激素

具有黃體素樣作用的合成荷爾蒙。

避孕丸＝副作用，因此感覺害怕。
使用避孕丸的女人會讓人覺得是水性楊花的女人。
在海外不使用保險套沒有辦法達到完美的避孕。
每次進行性行為都要使用保險套，真煩人，避孕丸比較簡單，真想使用避孕丸。
在少子化的國內使用避孕丸，恐怕更不容易生孩子了。
使用避孕丸避孕之後，聽說不使用保險套，愛滋病會蔓延。

阻礙受精卵在子宮內膜著床，也具有精子不容易進入子宮頸管的作用。還有減少月經量的作用，所以國內目前當成月經不順或**月經困難症**的治療藥，使用的是中用量、高用量避孕丸。

中、高用量與低用量避孕丸的差別

最大的不同就是**荷爾蒙量**。一九六〇年代開發出避孕丸，當初因為血栓症以及致癌性等**副作用**而產生了問題，經由研究結果開發出效果較高、副作用較少的產品。

一九七〇年代時，了解到副作用是受到雌激素量的影響，因此，美國ＦＤＡ提出建議，希望一顆為五十μg以下，所以刺激素不到五十μg的避孕丸稱為「低用量避孕丸」。

當然不只是雌激素，連黃體酮的含有量也減少了。像日本目前所使用的避孕丸大多是治療用的避孕丸，副作用較多，如果要避孕或治療，使用低用量避孕丸就足夠了。

月經困難症

月經時造成生活障礙的強烈腹痛、腰痛現象。此外，有時會有頭痛、噁心、發汗、頭暈、血氣上衝等現象。

荷爾蒙量

一錠雌激素的含有量當中，中用量避孕丸為五十～七十五μg左右，高用量避孕丸為一百五十μg以上。

中、高用量避孕丸的副作用

經常產生的副作用除了血栓症之外，還有噁心、頭痛、乳房發脹、腹痛、嗜睡、倦怠、浮腫等。據說荷爾蒙量太多，所以血栓症、致癌性的危險度也很高。

避孕丸有三種

繼續探討避孕用避孕丸（低用量避孕丸）。

整個服用期間，幾乎所有避孕丸的雌激素含有量都不會改變，但是黃體酮量的配合方式則分為三種。包括月經（類似出血）週期內量完全不變的一相性，分為二階段變化的二相性，分為三階段變化的三相性三種，這些避孕效果都一樣，可以配合身體適合性來決定選擇何者。

使用避孕丸時，通常一包（一週期使用一包）使用完之後設定七天的休藥期間，或者是使用不含有有效成分的偽藥。這七天會引起類似來月經的出血。一週的休藥不會引起排卵，所以休藥期間內避孕效果不變，然後再開始服用新週期的避孕丸，持續避孕效果（參考圖）。

從月經開始的初日服用避孕丸

避孕丸的種類與服用形態

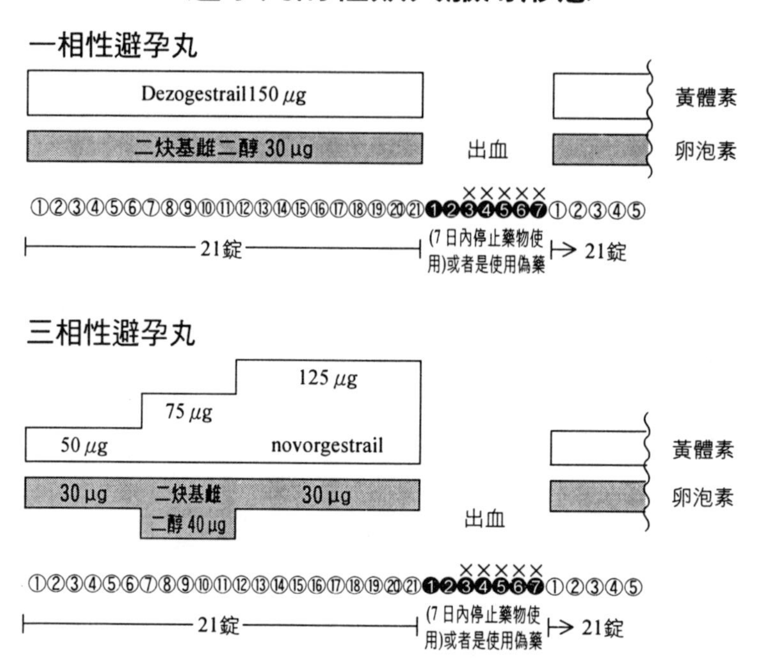

避孕丸是從月經開始的初日持續服用二十一天，然後休藥或者是使用偽藥七天，從第八天又開始服用，反覆這個循環。開始服用七天內要併用其他的避孕法。

若忘記服用，二十四小時內發現要立刻服用，第二天則按照平常的時間來服用。忘了服用過了二十四小時以後，在第二天同樣的時刻總共要服用前一天份和當天份二顆。

忘了服用隔了二十四小時以上就要中止服用，等待類似月經的出血，然後再打開新的一包，以新的週期開始服用。

了解避孕丸的優缺點

避孕丸藉著藥物出現擬似月經週期，除了絕對的避孕效果之外，也不用擔心「這個月什麼時候會來呢」？可以從月經的煩惱中解放出來。緩和月經痛、減少月經血量、防止面皰及多毛症等。據說對於**子宮體癌**和**卵巢癌**也有預防效果。缺點則是有的人會出現副作用，有時忘了服用。副作用包括開始服用時會噁心、頭痛、乳房發脹、腹痛、嗜睡、倦怠、浮腫等症狀，但如果不是中、高用量避孕丸應該沒什麼問題。

長期持續這種症狀的話最好和醫師商量，開其他的避孕丸處方。長期服用時也別忘了接受**子宮頸癌**、**乳癌**檢診等健康檢查。有的人覺得每天服用避孕丸很麻煩，但至少比測量基礎體溫簡單。就好像每天刷牙一樣，藉著避孕丸施行避孕法。

因體質或宿疾的關係，有時無法使用避孕丸。

子宮體癌

發生於子宮體部內膜的癌。近年來有增加的傾向，據說在五十～六十歲層的停經時期會增加。

卵巢癌

子宮左右一對如拇指頭般大的臟器就是卵巢。發生在這兒的癌症就是卵巢癌，是近年來增加的癌症，不過很難早期發現，處理時通常為時已晚。

子宮頸癌

發生於子宮頸部的癌症，占子宮癌的七成，與人乳頭瘤病毒感染的關係尤其密切。初交年齡較低或是與複數伴侶進行性交的人，雖然年輕，罹患率也很高。此外，根據報告顯示，使用避孕丸的話危險性更高，所以不要忘記進行子宮癌檢診。

得了乳癌或子宮頸癌的人，有高血壓、心臟病、血栓症等循環器官疾病的人，有糖尿病、腎臟病等疾病的人，還有經常使用藥物的人、吸煙的人等，最好和醫師商量。接受檢查，只要多注意還是可以使用。

偶而會出現嚴重的腹痛、胸痛、頭痛、頭暈、呼吸困難、眼睛模糊、語言障礙、下肢痛等，腦血栓或狹心症的症狀，這時要立刻接受婦科的診察。

即使得到醫師的許可也不可以立刻到藥局購買

即使可以購買避孕丸，但是不可以隨隨便便就到藥局去購買。必須先到婦產科接受諮詢，調查到底適合何種避孕丸，拿了處方箋之後再去購買。

也不可以把自己用的避孕丸送給別人服用。

乳癌

在乳頭部或乳腺所形成的癌症。容易發生在五十～四十歲層，大多為單側性。有家族系統的影響，攝取較多脂肪的人或是未產婦、沒有授乳的女性容易發生。還有人說服用避孕丸會提高危險性，不過可以到外科或婦科檢診乳癌。

●●● IUD（子宮內避孕器具）

一旦插入之後可以避孕三年

IUD是用塑膠或其他材料做成的小器具，放入子宮中可以防止懷孕。一九七四年，日本的厚生省許可太田氏環、優生氏環二種IUD的使用，正式的名稱就是「ring」。世界上使用IUD這種避孕法的女性，一年內有八千萬人。目前是以新式的附加銅IUD為主流，不過在日本並未得到許可，仍然是使用舊式的IUD。

IUD
Intrauterine Device 的簡稱

月經開始後十天內，分娩後大約過了兩個月之後，或者最初的月經再開後十日內，可以到婦產科請醫師插入IUD。太田氏環、優生氏環等環狀物要利用特殊插入器插入，因此必須先麻醉，而其他的IUD則不需要麻醉，可以直接插入。

插入的物體本身並不大，有時看門診時就可以當場放入。而

子宮外孕

受精卵不在子宮內而在輸卵管等（發生在腹腔內、卵巢的機率為百分之五）著床，直接進行反覆的細胞分裂，引起輸卵管破裂或流產。會有大出血、下腹部劇痛、噁心、休克的現象，因此，懷孕初期的不正常出血、下腹部痛不可以等閒視之，一定要去看醫師。

費用依醫院的不同而有不同。

包括定期檢診在內，可以每三年更換一次，而已經生完孩子的人則可以放在裡面，不需要拿出來。

IUD的優缺點

最大的優點就是避孕效果極高，一旦插入之後，沒有像忘了服用避孕丸或每次性交時都必須注意避孕問題這些煩人的問題。此外，不需要男性的協助（插入時不需要同意書等），女性可以靠自己的意志來避孕。

缺點則是插入、除去時會有些疼痛，月經可能拖得比較久或出現嚴重的月經痛等。偶而在插入時引起感染。如果和複數的人性交特別需要注意。IUD雖然能防止子宮內著床，但是無法防止**子宮外孕**。插入IUD，月經卻沒有來，可能是子宮外孕，一定要接受診治。

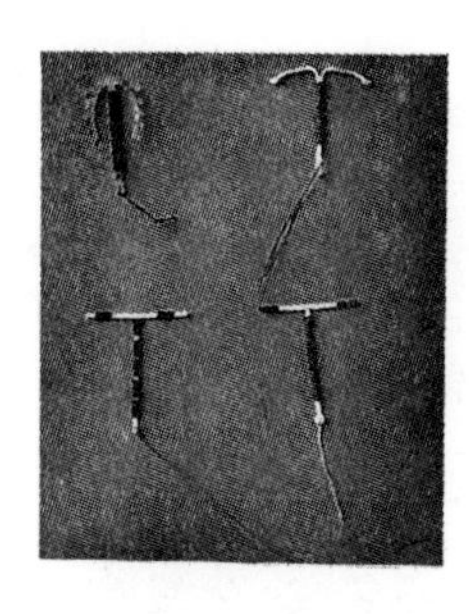
附加銅IUD

●日本沒有的附加銅IUD是什麼？

自從太田典禮博士發明了實用的IUD（太田氏環）之後，各國都在研究避孕效果極高、體積較小，而且容易插入的IUD。

附加的銅圈雖小，但避孕的效果極高，因此開發了附加銅IUD。舊式IUD的缺點就是子宮口較硬、無生產經驗的女性很難插入，所以，只建議生產後的女性使用，而附加銅IUD很小，容易插入，即使沒有生產經驗的女性也可以插入。近年來則開發出含有黃體荷爾蒙提高避孕效果的附加藥劑IUD。

此外，附加銅IUD也能發揮緊急避孕法的優良效果。WHO（世界衛生組織）提出建議，希望所有的IUD都能夠更換為這種附加銅IUD，世界上幾乎已經停止製造舊式的IUD。不過有些國家，例如日本，雖然申請了附加銅IUD，不過目前並沒有得到政府的許可。

避孕丸以外的荷爾蒙避孕法

注射法

將孕激素進行肌肉注射、抑制排卵的方法。大家都知道三個月注射一次的 **Depo-Provera** 失敗率只有百分之零點三，能夠得到極高的效果。

對於沒有辦法服用避孕丸的人，或是開發中國家因為貧困必須抑制人口的地區，可以使用這些注射法當成援助的一環。

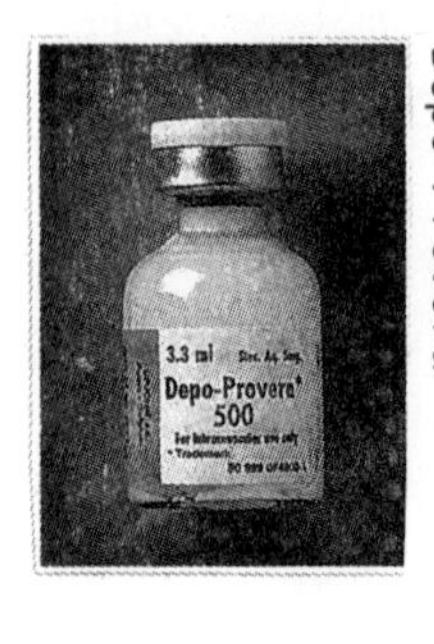

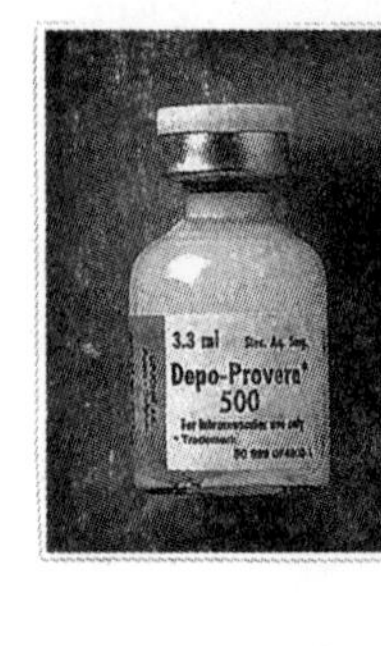

Depo-Provera

皮下埋入法

將六條含有孕激素的細小膠囊埋入手臂皮下，藉著由那兒滲出來的黃體酮抑制排卵。一旦安裝之後有效期限為五年，失敗率百分之零點零九，能夠得到近乎完美的避孕效果。

皮下埋入法

迷你避孕丸

避孕丸中所含的雌激素具有減少母乳量的作用，但迷你避孕丸不含有雌激素，只含有少量的黃體酮，因而具有增加母乳量的效果，適合授乳中的女性使用。失敗率百分之零點五，缺點是與混合型避孕丸相比，失敗率稍高。

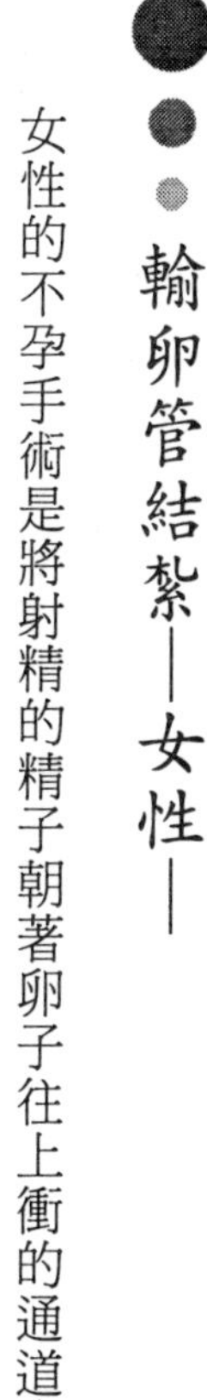

不孕手術

輸卵管結紮——女性——

女性的不孕手術是將射精的精子朝著卵子往上衝的通道——輸卵管結紮起來，使其無法受精，因此稱為輸卵管結紮。

手術法有二種，一種是剖開腹部的方式，另一種是從陰道側切開的陰道式方法。

不管哪一種都至少要住院二～三天，手術後必須靜養一週。

配合狀況，有時可以在分娩、墮胎手術之後進行。

輸卵管與荷爾蒙的分泌沒有直接的關係。輸卵管結紮除了不會懷孕之外，月經無異常，也不會有更年期提早來臨的煩惱。

輸精管結紮—男性—

男性的不孕手術是將精子製造工廠**睪丸**，與精子貯藏庫**精囊**之間的通路——輸精管結紮起來，稱為男性輸精管結紮術。

雖是動手術，可是只要進行局部麻醉，手術本身十五分鐘就結束了。不需要住院，手術後可以直接回家。結紮輸精管之後，精液中還留有殘留的精子，大約射精六～八次之後，精液中才會沒有精子。

男性的輸精管與荷爾蒙的分泌無關，動手術後不會無法性交，同時精液量也不會產生變化。

睪丸

左右一對，也稱為精巢，在此製造精子，通過輸精管運送到精囊。

精囊

精子從睪丸通過輸精管貯存在精囊。精囊會分泌使精子活性化的物質，再加上前列腺液混合而成精液。在達到高潮的同時，精液通過輸尿管一口氣射精。

如果將來不想要孩子

輸精管結紮或輸卵管結紮都是很確實的避孕法，一旦動手術之後，幾乎都是永久的不孕狀態，因此，要充分討論之後再來決定。

基於母體保護法，能夠結紮輸卵管的只有懷孕、分娩會危及母體生命的人，或者是有數個孩子的人。此外，手術需要本人及配偶的同意。

國內很多人對於「損傷自己的身體」產生強烈抵抗感，因此輸卵管結紮或輸精管結紮都不普遍。

看歐美三十五歲～四十歲層夫妻使用這些方法的資料，發現其人生過得非常穩定，如果不想再有孩子的伴侶，可以考慮這種方法。

●緊急避孕法

「性行為中途保險套破了，擔心可能會懷孕」「被強迫進行性行為」，在這種性行為之後，進行的緊急懷孕防止法，稱為緊急避孕法(morning after Pill)。

使用避孕丸的緊急避孕法

在性交後七十二小時以內服用二顆中用量避孕丸，在十二小時之後服用等量的避孕丸。這時投與大量荷爾蒙，如果是排卵前，可以延遲排卵或抑制排卵，如果是排卵後，則子宮內膜無法好好發育，持續懷孕作用的黃體酮無法發揮作用，如此就可以阻止懷孕的成立。

經由這個方法可以防止百分之七十五以上的懷孕，比起戰戰兢兢等待月經來臨、浪費時間更好。即使無法產生效果而懷孕，也不會對胎兒造成影響。

一次服用的避孕丸量很多，容易出現噁心、嘔吐、性器的不正常出血、頭痛等副作用。

像這種緊急避孕法，可以使用目前國內所使用的中、高用量避孕丸。副作用很強，不過在戴保險套失敗而擔心「如果懷孕該怎麼辦」的情況下，可以防止懷孕。

但是，不能夠經常使用緊急避孕法，只有在「緊急」的時刻才可以使用。

使用IUD的緊急避孕法

性交後五天以內將附加銅IUD插入子宮，可以防止受精卵的著床，阻止懷孕。放在裡面一直沒拿出來，當然對日後的避孕也有幫助。

據說這個緊急避孕法的成功率為百分之九十以上，不過在不允許使用附加銅IUD的國家，目前還沒有辦法進行這種手術。

不管是哪一種方法，如果擔心可能懷孕就要立刻到婦產科接受診治，否則會為時已晚。發現一個可以商量的人也很重要。

不會產生使用感的保險套

一九九八年二月，銷售非橡膠製而是塑膠製、非常薄的保險套，同年四月，出貨前發現製品的缺陷，因此自動回收。因為沒有使用感成為受人歡迎的商品，不過目前還在研究原因，並沒有再銷售出來。

女性用保險套

效果雖不確實，但以往經常使用的避孕法

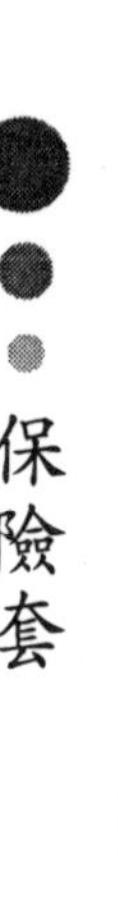

保險套

國內到現在還有很多人認為「避孕＝保險套」，是非常普遍的避孕法，與避孕丸或ＩＵＤ相比失敗率非常高，使用法錯誤的話極有可能懷孕，不建議各位使用。

此外，必須由男性來協助否則無法避孕，這都是其缺點。**使用感**上也有問題。

使用保險套只是為了預防ＳＴＤ。我想，今後的伴侶如果是不用擔心感染症的人，可以不用保險套進行性行為，選擇一個確實、舒適的避孕法更好。

不過，事實上還是有很多人把保險套當成避孕用品，或預防ＳＴＤ用，若不實行正確使用法根本沒有用。現在也開始研究、開發**女性用保險套**。

保險套的戴法

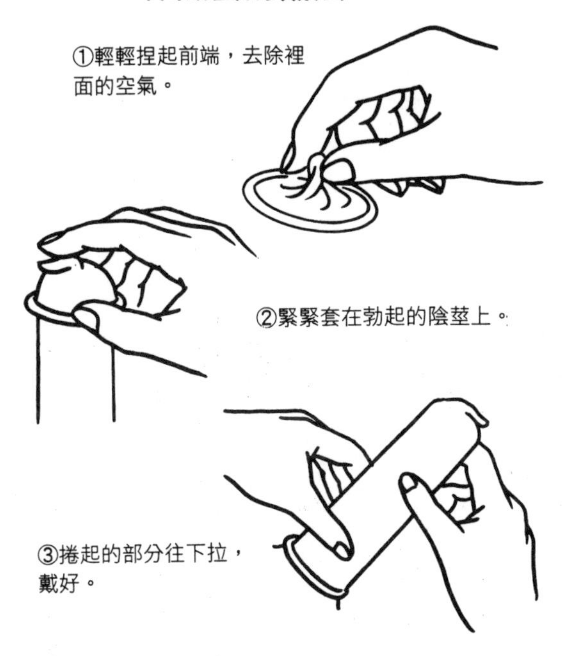

①輕輕捏起前端，去除裡面的空氣。

②緊緊套在勃起的陰莖上。

③捲起的部分往下拉，戴好。

拿掉的方法

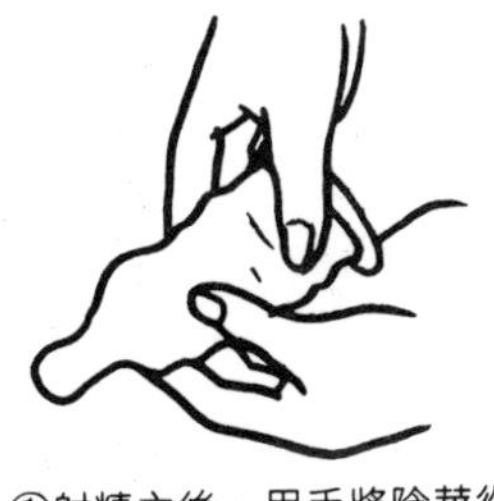

①射精之後，用手將陰莖從陰道拔出。

②為避免精液外漏，要將保險套從陰莖拿下來，抓緊袋口，用紙包住丟在垃圾箱。

●使用保險套的注意要點

①不要在射精之前戴保險套，勃起時就要使用。

②戴的時候，注意不要因為指甲等而弄破了保險套。

③射精後立刻從陰道拔出。這時要小心別讓精子漏在陰道內。

④積存精子的保險套充滿了「懷孕的種子」，因此要抓緊開口處，用衛生紙等包住丟掉。這時碰過保險套的手，以及觸摸過沾著精子的陰莖的手，還有射精後的陰莖，都不可以碰觸女性的外性器。

＊要繼續進行性交時，第二次之後與第一次同樣都要使用保險套。很多人都認為第二次時精子比較稀薄，但這是毫無根據的想法，絕對不能掉以輕心，要正確的使用。

此外，保險套不耐光、不耐熱，要注意保管場所。如果長期放在皮包或者是口袋中就不要使用了，因為容易出現漏洞。

子宮帽的尺寸

用橡膠覆蓋住子宮口的物質就是子宮帽，依陰道長度、寬度的不同，有尺寸的個人差異，所以一定要事先測量。尺寸會依年齡、生產經驗等而改變，一定要重新測量。

子宮帽

利用塑膠製的避孕器具放入陰道中，遮斷精子通路子宮口的方法。正確使用的話完全沒有使用感，是以女性為主體的避孕方法，缺點則是還不習慣正確的配戴方法之前要多練習。

子宮帽的尺寸大小不一，必須要接受醫師或助產士等受胎調節指導員的測量，選擇適合自己的尺寸才行。

子宮帽在性交前塗抹殺精子劑再安裝，性交後大約過了六小時取出。這是因為過了六小時之後殺精子劑會殺死精子，即使取出子宮帽也不會受精。

取出的子宮帽用溫水沖洗，充分乾燥之後再收起來。可以使用二～三年。

殺精子劑

殺精子劑就是殺死精子的藥劑，主要成分是界面活性劑。

有**錠劑**及**凝膠**，而最近普遍使用的則是軟片狀的殺精子劑。可以在藥局買到，女性可以避孕，所以受人歡迎，但失敗率很高，不建議單獨使用。

軟片狀殺精子劑的缺點是放入陰道內要過了五～十分鐘才能發揮效用，溶解之後的有效時間約兩小時。如果超過時間就要追加一片。此外，如果插入的位置較淺，溶解的藥劑會流出體外，使用方法不正確會成為失敗的原因。

了解效能、正確使用的話，能夠得到某種程度的效果，但最好和保險套等併用。

錠劑及凝膠

軟片狀殺精子劑開發之前的殺精子劑。都是在進行性行為之前放入陰道深處，否則無法產生效果。與軟片狀殺精子劑相比，有效時間較短。殺精子劑因人而異，有人會感覺陰道發癢或刺痛感。

希望「自然」避孕的人所使用的避孕法

不使用器具或藥物的ＮＦＰ法

避孕本身就是一種「不自然」的行為。人類是社會的動物，所以不得不避孕。最確實、安全的方法是避孕丸或ＩＵＤ等現代

ＮＦＰ法
Natural Family Planning的簡稱

婦女體溫計

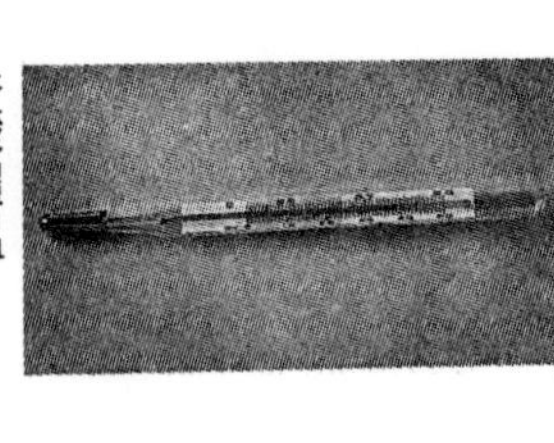

基礎體溫
早上剛醒來時的體溫。通常是躺在床上，將體溫計含在口中，用口中舌下測量。利用刻度變大的婦女體溫計，察覺出細微的體溫變化。最近市面上也販賣電子體溫計，或自動顯示圖表的體溫計。

的避孕法。但是有的人認為「沒有生病卻要每天每天服用藥物，會產生抗拒感」，或者是「體內插入器具感到非常害怕」。

此外，基於宗教上的理由，有的地方不可以使用保險套、避孕丸、ＩＵＤ，禁止使用這些器具或藥物進行「不自然」避孕法，同時也禁止墮胎。

居住在這些地方的女性沒有逃脫之道，只好認真的找出排卵日，避免在排卵日進行性行為。這就是**ＮＦＰ法**。

ＮＦＰ法也可以稱為自然家庭計畫法，組合了基礎體溫法和頸管黏液法。在此我想大聲疾呼「討厭使用器具或藥物等不自然避孕法的人，請利用ＮＦＰ法好好避孕吧！」

基礎體溫法

月經後約二週內由於女性荷爾蒙雌激素的作用，持續體溫較低的時期。過了排卵日之後，藉著黃體酮的作用，體溫升高。所以要用婦女體溫計每天量「**基礎體溫**」，填在圖表中做成基礎體

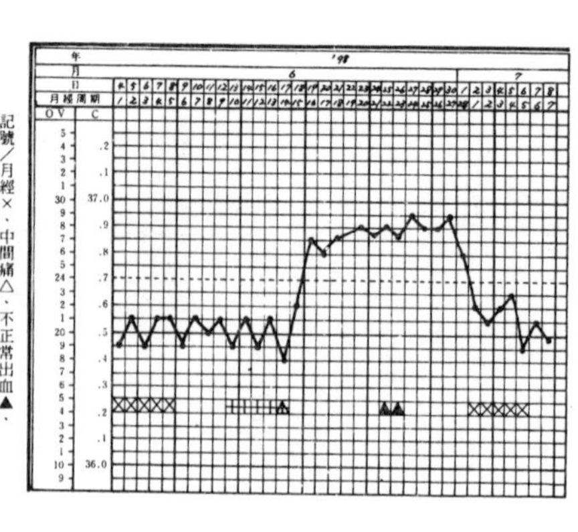

記號／月經×、中間痛△、不正常出血▲、
性交○、中間期帶下感＋

一相性

持續基礎體溫的低溫期，在沒有高溫期的狀態下迎向下一次月經的來臨。很可能是無排卵性的月經。

溫表，會出現低溫期與高溫期的二相性。利用這個圖表來檢查排卵日，就是基礎體溫法。

低溫期與高溫期是否明顯具有很大的個人差異，需要經驗來判斷。如果前天熬夜或者是感冒，體溫可能會上上下下，光靠基礎體溫法來確定排卵日非常的危險。

如果是分不出二相性的不定型，或者是基礎體溫一直都很低，幾乎沒有出現高溫期就開始月經的**一相性**，就不適合用基礎體溫法來避孕了。

頸管黏液法

分泌物的狀態會隨著月經週期而產生變化。

頸管黏液法就是從分泌物的狀態預測荷爾蒙的狀態，來證實基礎體溫法的方法。

從月經結束日開始，每天將手指放入陰道中，從附著在手指上分泌物的狀態，來判斷目前是月經週期的哪個階段。

月經剛過後的分泌物量較少，而且是黃色、不透明、黏著度較高的狀態。然後量逐漸增加，略帶白色。接近排卵日，量增加的更多，變成無色透明、黏著度較低，像條線從般的伸展。這種好像線拉長的狀態持二～三天（排卵期），之後又變成原先的白色，黏著度較高的狀態。分泌物較濃、黏著度較高的狀態，具有防止精子侵入的作用，相反的，較薄、黏著度較低的狀態，則是精子容易侵入的狀態。

此外，手指插入自己的陰道中時，深入裡面摸起來硬硬的部分就是子宮口。

排卵日之前稍硬、不具有彈性，過了排卵日之後到了高溫期時，由於黃體酮的作用會變軟、產生彈性。

養成檢查分泌物和子宮口狀態的習慣，只要看一下、觸摸一下就知道到底是處於何種狀態，就算已經熟悉了這種方法，還是需要經驗。

對於自己的身體不要有抵抗感，觸摸看看吧

「自己的性器長什麼樣子，從來沒有看過」「說什麼頸管黏液法，怎麼可能把手指插入陰道中呢」，很多女性會這麼說，雖說如此，還是會進行性行為，會插入衛生棉條。

就婦產科醫師的立場而言，真的是一連串的問號。難道妳不想了解身體的這個部分？我實在想不通。

NFP法對於不習慣避孕法的人而言失敗率很高，所以我不想建議各位這麼做。

不過，在避孕之前應該要了解自己的身體是自己所擁有的，一定要向自己的身體挑戰。

了解到自己的身體會以一定的週期產生變化，就更會體貼自己的身體了，而且容易自行控制。

性器就和眼睛、手指、嘴巴一樣，同樣是我們身體的一部分，不要討厭它，一定要好好重視它。

不建議採用的避孕法

荻野式避孕法（荻野法）

一九二四年，荻野久作博士發現了基於『**荻野學說**』的**荻野式避孕法**。

從過去的十二次月經週期預測下一次預定月經的初日，然後再逆算決定會懷孕的期間，在這段期間利用保險套等來避孕的方法。

我們平常所說的月經週期為二十八天週期或三十天週期等等，只不過是「概略的計算」，可能會差別二～三天，有的人根本就不會注意到這一點。荻野法預測下個月的月經開始日，然後再決定排卵日和危險日，有時這個「差幾天」的情況卻可能會造成危險。

根據過去的實績和桌上的計算預測排卵日是很危險的。如果要使用這個方法，一定要測量基礎體溫、檢查身體，使用確定排

荻野學說

一九二四年由荻野久作博士提出的學說，認為「婦女的排卵與月經週期的長短無關，會在下一次月經前的一定期間（十二～十六日）發生」。原本是為了知道受胎期（排卵期間五天加上精子生存期間三天，總共八天）而研究的學說，不過後來利用這個學說來避孕而開發了荻野法。

荻野式避孕法

荻野學說認為可以從下一次的月經推算受胎期，因此可以估計從這次月經開始必須避孕的期間（荻野學說的受胎期前後加上兩天，總計十二天），這就是荻野式避孕法。

卵日的NFP法比較能夠確實避孕。

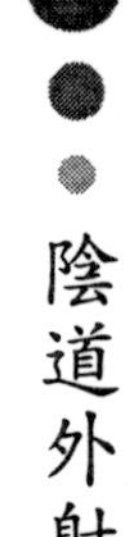

陰道外射精法

性行為中途拔出陰莖，在陰道外射精的方法。從射精的前階段開始，男性本身並沒有察覺到精子已經漏了出來，所以在射精時拔出陰莖根本沒有任何的意義。

如果延遲拔出的時機，精子愈可能漏在陰道內（詢問伴侶時，對方一定會坦白告知）。所以絕對不要利用這個方法，這一點一定要牢記在心。

我雖然不是男性無法確實得知，但是，在即將到達高潮頂點的瞬間，可能會認為要從一個很舒服的場所拔出陰莖到空虛的陰道外，在陰道外射精會覺得「不自然」而且破壞氣氛，對男性而言也是很悲哀的一件事情。

對於重視性行為的二人而言，我想應該考慮更有效、不會破壞氣氛的避孕法。

陰道沖洗法

使用**陰道沖洗器**沖洗掉射精後進入陰道內精液的方法，不過這只是一種傳說，沒有任何的作用。一次射精射出的精子數大約三億個，而且射精過後的三～四分鐘就已經進入子宮內，光靠洗淨根本無用。

陰道沖洗法還有用可樂或檸檬汁來清洗、殺死精子的說法，這全都是錯誤的方法。這樣反而可能會引發陰道炎，絕對不要讓異物進入陰道內。

此外，有的人認為「第一次的精液比較濃必須要避孕，第二次比較稀薄所以不用避孕」，或者是「月經中不會懷孕」、「有月經不順的現象，但應該是不容易懷孕的體質」等等，還有「如果女性在上位進行性行為，精液流出就不會懷孕」，都是一些俗說，全部都不要相信。

毫無根據的做法根本不可能避孕。如果想確實避孕，要使用

陰道沖洗器　專門用來沖洗陰道的裝置。從身體外側沖洗陰道部的裝置（歐洲傳統飯店的浴室中有設置）。此外，還有附在馬桶上，用溫水沖洗的方式來洗淨的形態，以及將器具插入陰道內部沖洗的攜帶型等。

保險套或ＩＵＤ，或者是花點錢藉著醫師參與所使用的避孕法。一定要在冷靜的判斷之後，好好的做好避孕的準備！

人工墮胎

最後的手段是人工墮胎

即使努力採用完美的避孕方法，但不管是哪一種方法，成功率都不是百分之百。如果還是懷孕了，最後的手段就是動人工墮胎手術，這是女性的權利（參考第六章）。只能由指定的醫師來進行手術，而且要本人及配偶的同意。

人工墮胎手術分為懷孕不到十二週的手術，以及懷孕十二～二十二週等二種方法。

懷孕不到十二週可以使用搔刮手術及吸引法

首先用昆布擴張探條等使子宮口柔軟的器具，柔軟子宮頸管之後，等到張開為一・五公分時，利用湯匙狀的刮匙夾出內容物，進行**搔刮手術**。而吸引法則是將吸引管放入子宮內，吸出子宮內胎兒或附屬物。

不論是搔刮手術或吸引法都必須要進行麻醉，大約十～二十分鐘就結束了。

搔刮手術

不只是墮胎手術，也可用來進行流產（胎兒死亡殘留在子宮內，或是有一部分的組織殘留在子宮內）。

懷孕十二週以後要進行人工流產

懷孕過了十二週，胎兒及胎盤都太大了，沒有辦法進行搔刮手術，只好採用人工流產的方法。

首先使用昆布擴張探條或者是治療的流產藥，以人工的方式使子宮收縮，以生產的方式進行流產。大約要花二小時三十分鐘使子宮收縮，而胎兒和胎盤的排出平均要花十六小時，所以要住院。

手術後靜養二～三天，經過四～七天接受檢診觀察經過的情形。如同生產，因此乳房會發脹、產生母乳。手術後會出現少量的出血，七～十天內就會止血，所以不用擔心。

如果出現下腹痛或經血以外的出血及發燒的現象，要立刻到動手術的醫院檢查。手術後的頭一次月經約在手術後三十～四十天開始。

不要再出現同樣的失敗

有可能會出現麻醉後的後遺症或手術後的後遺症、感染等。此外，墮胎手術也可能會引起不孕、流產或早產。甚至害怕懷孕而無法進行性行為、無法得到快感，所以墮胎手術就心理面而言，會造成女性極大的傷害，像這樣的例子屢見不鮮。

如果懷孕，不要一個人在那兒煩惱要不要墮胎，最好和伴侶商量，或是與醫師、護士、朋友商量，得到一些精神的支柱，然後再進行手術。而且不要再出現同樣的失敗，要認真考慮以後的避孕，選擇適當的方法。

●RU486與月經調節法

RU486就是阻止黃體酮作用的錠劑，也稱為墮胎避孕丸。服用之後子宮內膜剝落，以人工的方式引起流產。知道懷孕之後可以使用這種方法，避免進行墮胎手術，但必須在懷孕五～六週之內進行。而且只有法國、瑞典、中國等國家使用。

月經調節法則是在月經延遲一週時，不利用昆布擴張探條等使子宮頸管擴張，而是用很細的管子插入子宮腔內，利用注射器吸引子宮內容物的方法。

和人工墮胎手術的吸引法沒什麼差別，但不需要確認是否懷孕就可以進行，而且不需要麻醉，幾乎沒有危險，這是最大的不同點。

已開發國家幾乎很少使用這個方法，大多是在開發中國家實施。這個方法的登場，使得避孕與墮胎的界線愈來愈複雜了。

預防ＳＴＤ（性感染症）

性感染症也有新舊交替的潮流

從以往的梅毒到現在的愛滋病，因為性而感染的疾病總稱為ＳＴＤ「性感染症」。有以前稱為「**性病**」的**梅毒**、**淋病**、**軟性下疳**、**腹股溝淋巴肉芽瘤**，總計四種性感染症，稱為四大性病。

第二次世界大戰時，淋病和梅毒等非常可怕，但是由於盤尼西林等抗生素的發達，梅毒銳減，淋病最近也去除了，消失得無影無蹤了。

由於新藥的開發，有些疾病容易治療、不再蔓延；相反的，

ＳＴＤ

Sexually Transmitted Diseases 的簡稱。

性　病

梅毒、淋病、軟性下疳、腹股溝淋巴肉芽瘤這四大性病，基於性病預防法，有通知醫院的義務，近年來愛滋病等新的性感染症登場，以廣泛的意義來看，必須要採取預防對策。

梅　毒

第二次世界大戰後大流行，盤尼西林發明之前是最可怕的性病。

近年來**性器衣原體感染症**等新的性感染症備受矚目。

進行性行為時與懷孕同樣危險的ＳＴＤ

除了懷孕之外，有很多人會認為「我絕對不會得ＳＴＤ」。但是，有過性經驗的人都具有感染ＳＴＤ的危險性，這種說法絕不誇張。「我只有一個性伴侶，就算會懷孕，也不可能會感染ＳＴＤ」，也許妳會提出反駁的理論。

我能夠了解這種心情，但是妳的伴侶除了妳之外，真的沒和其他的人做愛嗎？

ＳＴＤ症很麻煩就在於根本不知道什麼時候感染，在與其他的對象做愛時就可能會感染疾病。

也許妳的伴侶曾和其他的女友做愛而感染了ＳＴＤ，還沒有察覺到就分手了，而目前只與妳交往。

當然也有完全相反的例子，也許不會經常光顧風月場所、過著豪放的性生活，但是希望各位一定要牢記「除了完全沒有性經

淋　病

由淋菌感染的性病。是男性的性感染症中最普遍的疾病之一。

軟性下疳

是由軟性下疳菌這種病原菌感染的疾病。抗生素發明以後銳減。

腹股溝淋巴肉芽瘤

由病原體感染的性病。近年來已經在世界上消聲匿跡了。

性器衣原體感染症

由衣原體菌造成的疾病。最近女性感染的例子增加了。

驗的男女之外，與任何人性交都有可能感染ＳＴＤ」。

經常光顧風月場所的人（或者性伴侶是這樣的人）感染ＳＴＤ的危險度就更高了。

最好的預防就是杜絕感染源……

沒有感染ＳＴＤ是最好的了，萬一感染時也不要因為難為情而放任不管，要趕緊治療才行。

完全治癒之前一定要控制性行為。瞞著自己感染ＳＴＤ的真相而和伴侶進行性交，是最要不得的行為。如果真的想做愛，一定要告知對方危險性，正確的使用保險套。

目前是很容易感染愛滋病的時代。交往中的伴侶同一次進行性行為之前都要接受愛滋病檢查，確認雙方都沒有感染再進行性行為比較好。如果有複數的性伴侶或是經常光顧風月場所的人，要定期接受檢查，以期早日發現ＳＴＤ。

實行雙重荷蘭法

杜絕ＳＴＤ感染源的方法，就是有效的利用保險套來預防。當然要正確的配戴。但千萬不要認為「使用保險套可以避孕、預防感染，具有一舉二得的功效」。國內一般所使用的避孕器具就是保險套，不過前章已經敘述過了，失敗率非常高，動人工墮胎手術的人，有八成是利用保險套避孕。

假設妳想利用保險套得到「避孕」以及「預防ＳＴＤ」二種效果，但又不好好配戴……，或者是破了……。最不好的情況是既懷孕又感染了ＳＴＤ。

避孕是避孕，ＳＴＤ預防是ＳＴＤ預防，要分開來考慮。即使保險套破了，至少還可以避免懷孕。要使用避孕丸、ＩＵＤ避孕，而使用保險套預防ＳＴＤ。

荷蘭有人提出了「雙重荷蘭法」這種方法，所以保險套使用頻率較低的歐美目前也把使用保險套視為一種常識了。希望大家

子宮頸管炎

突出於陰道內的子宮頸管之發炎症狀，症狀是分泌物增加。

子宮內膜炎

子宮內膜的發炎症狀，伴隨輕微發燒、下腹痛及腰痛的現象。

輸卵管炎

從子宮往上行的發炎症狀波及到輸卵管，會成為不孕的原因。

不孕症

沒有避孕，過著普通性生活的伴侶，一年以上未懷孕則疑似不孕症。希望懷孕的話要儘早接受檢查，找出不孕的原因。原因男女各半。

流產與早產

懷孕二十一週之前中

一定要實行這個雙重荷蘭法。

擁有正確的知識治療、預防ＳＴＤ

為了避免自己和伴侶感染ＳＴＤ，一定要擁有正確的知識。在此為各位介紹一下ＳＴＤ主要症狀及治療法。

性器衣原體感染症

症狀較輕容易被忽略

衣原體原本是病原體的名稱，根據近年來的研究，發現衣原體造成的感染與淋病的頻度相同，因此，總稱為「性器衣原體感染症」。

感染後二～六週（通常為十～十二日）就會出現症狀，與淋病相比症狀較輕，有時完全沒有自覺症狀。

斷懷孕稱為流產；懷孕二十二～三十六週之內生產稱為早產。

異常分娩

平常經陰道分娩以外的總稱。包括剖腹產、倒產、吸引分娩、鉗子分娩等，會引起異常分娩經過的難產也包含在內。

產道感染

母體，也就是母親感染了病原菌或病毒，分娩時通過產道的胎兒也受到感染。如果事先知道會感染，那麼為了防止產道感染，可以利用剖腹產等方式防止感染。

急性尿道炎

淋菌等病原菌侵入尿道引起發炎的現象。主要症狀包括頻尿、排尿時疼痛等。

孕婦的感染會成為新生兒肺炎的原因

女性會引起**子宮頸管炎**，子宮內膜、輸卵管的感染會引起**子宮內膜炎**、**輸卵管炎**。衣原體感染症會成為子宮外孕、**不孕症**、**流產與早產**、**異常分娩**的原因。

此外，孕婦感染的話，胎兒生產時會造成**產道感染**，引起新生兒肺炎。感染不斷的進行，卻沒有明顯的自覺症狀，這是此疾病最麻煩之處。只會覺得肚子痛、腹痛、排尿痛，或是分泌物的量增加了而已，症狀非常的輕微。

而男性則是從尿道感染，引起**急性尿道炎**，會產生水樣分泌物或黏液性分泌物，排尿時會感覺疼痛、不快感，且會發癢。但是男性的自覺症狀很輕，有時無自覺。

治療方面要持續服用抗生素二～四週才能完全治癒。完全治癒之後可能還會感染好幾次，所以不只是自己，連性伴侶也要一起到泌尿科接受診治。

肺囊蟲肺炎

一種肺囊原蟲真菌引起的肺炎，出現呼吸困難、劇烈咳嗽、有痰等症狀。

卡波濟肉瘤

腳等皮膚出現帶有紫色的結節。當肺囊蟲肺炎或是卡波濟肉瘤的症狀出現時，就表示愛滋病真的發症了。

▼愛滋病

由ＨＩＶ病毒感染而引起的疾病

愛滋病是ＨＩＶ病毒感染所造成的疾病。一旦ＨＩＶ進入體內發病時，會破壞免疫機能，降低對疾病的抵抗力，免疫機能無法正常發揮作用，就容易得感染症或癌症等各種疾病。通常感染了ＨＩＶ病毒不會立刻出現症狀。感染之後到愛滋病發症為止，甚至有長達十年的潛伏期，這是此疾病的特徵之一。

潛伏期中可以過著普通的生活，因為某些要因而使病毒急速增殖時，全身淋巴結腫脹、發燒、持續出現下痢症狀、體重急速減輕。因為原蟲的原因而引起**肺囊蟲肺炎**或**卡波濟肉瘤**等特殊的腫瘤，使得全身衰弱。

目前並沒有特效藥，經常採用的治療法是知道感染了ＨＩＶ病毒時，要觀察經過、開始治療以延遲愛滋病的發病。

意識到愛滋病是身邊的疾病

一九九七年，日本累積感染者數為二千四百九十人，患者數一千零五十六人。歐美各國中，據說有幾個國家的新感染已經減少了，但是像日本，患者數以及新的感染數不斷增加，所以，不要認為大眾傳播媒體不再爭相報導就沒問題了，這種掉以輕心的想法最要不得了。

根據日本厚生省研究班的研究，感染者變成真正的愛滋病患者之人數，以及突然成為愛滋病患者之人數的比例來看，事實上受到感染的人為感染報告件數的五．八倍，而自己卻不知道這一點仍然過著普通生活（包括性生活在內），這是很可怕的現象。

預防愛滋病

ＨＩＶ感染力非常弱，不會因為平常的接觸而感染，所以和ＨＩＶ陽性的人一起過著普通生活也沒關係。血液、精液、陰道分泌液中含有很多的病毒，可能會透過性器黏膜或皮膚傷口而造成病毒感染。

此外，胎兒在體內、通過產道出生時或透過母乳也可能會感染，造成母子感染。經常打麻藥或是與ＨＩＶ陽性的人共用注射器，也可能會受感染。

目前無法確立絕對有效的治療方法，最重要的是預防。絕對不要經常更換性伴侶，要正確的使用保險套等，這與其他的感染症對策是共通的。

而ＨＩＶ感染的預防策略，則是不要與他人共用刮鬍刀、牙刷、毛巾、梳子等容易沾血液的日常用品，沾了血液的身體或衣服、床單等要趕緊用肥皂清洗乾淨。這也是對於其他未知感染的基本注意事項。

性器疱疹

性器疱疹是由單純疱疹病毒所造成的感染。包括來自外部的病毒初次感染而發症的「急性型」，以及已經潛伏在體內的病毒再活性化而發症的「復發型」。

如果是急性型，感染後三～七天內，性器、皮膚黏膜會出現米粒般大伴隨疼痛的水疱。水疱立刻破裂導致潮濕、潰瘍，不久之後就會結痂，逐漸復原。女性的大、小陰唇及陰道黏膜容易發症，會產生劇痛和高燒，而男性則是陰莖會長水疱，不過與女性相比症狀較輕。

如果是復發型，小水疱、潰瘍容易復發，不光是性接觸，壓力和疲勞也可能導致發症。

會產生劇痛、持續高燒等重症，要注射抗病毒劑或者是內服的方式治療。如果是水疱或者是潰瘍，則要塗抹抗病毒劑軟膏。即使是重症，持續治療二～三週，症狀就會消失，但是很難完全治癒，可能會因月經、性交、懷孕、壓力等外在的刺激而復發。

一旦感染之後，要牢記有復發的可能性，因此，日常生活中要避免疲勞和壓力。

尖頭濕疣

因為感染人乳頭瘤病毒而發症。濕疣是出現在男性龜頭部和包皮，女性外陰部的如小紅豆般大的疣。

一旦感染之後，數週到二～三個月內會發症，也許很多人會嚇一跳，認為「咦，怎麼會長這樣的東西」。

通常不痛不癢，但是不治療、放任不管的話，患部會增殖形成花菜狀，所以發現之後要儘早去看醫師。

擁有這種疾病的人，其性伴侶幾乎也會出現同樣的疾病，最好二人一起接受治療。

治療方法是電的方式燒掉患部，或是用手術刀切除，或冷凍等外科療法，還有局部塗抹軟膏的方法。如果懷孕擔心會影響到胎兒，一般可以採用外科療法。

治癒之後幾乎不會復發，若是自然治癒可能會復發，所以最好去看醫師。

念珠菌症

很多女性會因為念珠菌症而看門診，是非常普遍的疾病。在此當成ＳＴＤ來加以介紹，不過除了性交之外，也可能因為泡澡而造成家族內感染，穿著通氣性不佳的內褲、服用抗生素也會發症。這個疾病是因為一種叫做念珠菌的黴菌增殖而造成的。

這種菌原本就存在於陰道或外陰部，通常不會作惡，可以放任不管，但會因為某種原因而增殖引起發炎，這時就需要治療了。這和女性荷爾蒙雌激素有密切的關係，雌激素分泌過多會使成熟期或懷孕時的女性出現症狀。

此外，因為是一種黴菌，所以喜歡高溫、多濕，穿著通氣性不佳的內褲、褲襪、束褲、厚的內褲時，也會造成菌增殖。

症狀包括外陰部及其周邊發癢，有濃奶油狀或如鬆軟白乳酪狀的分泌物。而男性則陰莖會發癢、發疹，有時完全沒有症狀。

治療法是將抗念珠菌劑插入陰道深處，外陰部同時塗抹抗念珠菌劑軟膏。持續這樣的治療，症狀通常在四～五天就能去除，不過要連續治療十天才能完全治好。

如果中途中斷治療，容易復發，所以要很有耐心的持續治療才行。同時，性伴侶的陰莖冠狀溝附近也要塗抹軟膏，兩人一起進行治療。

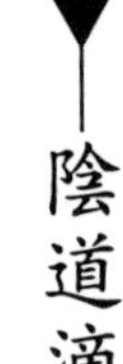

陰道滴蟲症

陰道滴蟲症和念珠菌症同樣是非常普遍的疾病。這是由於陰道滴蟲造成的感染，症狀是會出現黃綠色或者是帶有膿的分泌物增加，陰道和大小陰唇偶爾會發癢。

此外，陰道壁和子宮入口附近會紅腫，性交時會出現疼痛和輕微出血的現象。症狀放任不管的話，可能會波及輸卵管，成為不孕的原因，必須要注意。

是因為性交而引起感染的，不過，如果用濕毛巾或者是馬桶墊等也可能會造成感染。男性也會感染，但是幾乎沒有症狀，可能是男女傳染而形成持續感染，女性有時很難治癒。必須要服用抗陰道滴蟲劑一週左右來治療，而且陰道內要插入塞劑持續二週。這時伴侶也要服用口服劑。為了預防家族感染，內褲等要另外洗濯直到痊癒為止。

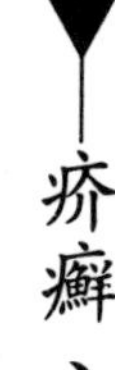

疥癬、毛蝨

疥癬和毛蝨都是寄生蟲造成的感染。

疥癬是由疥蟎所引起的，一旦感染會發疹、產生劇癢。不只發生在陰部，會遍及全身，所以早期發現早期治療，寢具和衣物等的殺蟲工作非常重要。

毛蝨是一種吸血蟲，會附著在陰毛或者是腋毛等體毛上，產生劇癢。治療法是刮掉患部的毛，塗抹軟膏。等待卵的孵化期。噴灑殺蟲劑。

總之，大多是因為和感染者性交或者是共用寢具、衣物，以及屋外不清潔的性行為所造成的感染，所以治療時首先要去除寄生蟲，而且性交時一定要注意清潔。

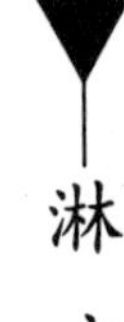

淋病

是由淋菌造成的感染。男性感染者較多，與女性相比症狀較為嚴重。

男性感染過了二～九天的潛伏期之後，尿道產生輕微的疼痛感和灼熱感，尿道口排出的尿會摻雜白色混濁的膿。

這時最好開始治療，放任不管會引起尿道炎，出現頻尿、排尿困難等症狀。

女性感染數天後會出現尿道炎和子宮頸管炎，與男性相比症狀較輕，通常不易察覺。

如果感覺頻尿或排尿痛，可能是淋病。使用抗生素治療，幾天內就失去感染性，能夠完全治癒。

接近生產期的感染會造成嬰兒眼睛的感染，要使用硝酸銀點眼睛預防或是塗抹盤尼西林軟膏。

梅毒

由梅毒螺旋體感染的疾病，沒有自覺症狀，特徵是慢慢的進行。第二次世界大戰後非常流行，但是，由於盤尼西林等抗生素的進步而銳減。

幾乎都是經由性交而感染，感染之後其症狀的經過分為第一期～第四期。

目前幾乎已經沒有第三期、第四期的重症梅毒了。感染後三週左右出現症狀，男性的陰莖和包皮內側，女性的大、小陰唇和陰道入口，會出現如大豆般大的硬塊。

這個硬塊不會疼痛，但會變成發疹的現象自然消失，然後進入為期二個月的第二潛伏期。如果這個時期投予十天的盤尼西林就能完全治好。

軟性下疳

是由軟性下疳菌病原體所造成的感染。潛伏期為二～六日，陰部會出現柔軟、疼痛、如大豆般大的腫包。不久之後會化膿、破裂，產生劇痛。破裂形成的膿就附著在周圍擴散。

國內很少看到這種疾病，服用抗生素就能完全治癒。

腹股溝淋巴肉芽瘤

病原體是沙眼衣原體，國內和全世界最近都很少見了。感染過了一～二週後，陰部會出現小水疱和發疹現象，幾乎都沒有察覺時，腹股溝淋巴結開始腫脹，這時才察覺到症狀。內服抗生素二～三週就能完全治癒。

第五章 想懷孕的話

重視懷孕、生產

將「性行為＝懷孕」的想法逆轉，在第一章已經探討過避孕、想懷孕停止避孕的方法。而女性和男性伴侶，兩人都要重視懷孕、生產的事情。

婦產科是醫院當中唯一能夠說「恭喜」的一科。我每天接觸孕婦，看到有些孕婦因為頭一次的懷孕而顯得有點迷惘，顯露出女性懷孕初期的迷惘表情，有的則是終於度過了嚴重的孕吐進入懷孕中期，連體形和表情都變得像孕婦……，還有懷孕後期能夠頻繁的感覺胎動，一邊看超音波，一邊等待與嬰兒相見的日子，自然流露出母性的光輝。

因為生產而為人父、為人母

好幾次遇到生產的狀況都令我非常感動。迎向以往從未經歷過的陣痛，度過陣痛接下來又會發生什麼事呢？感覺非常的不安，如果不努力，嬰兒恐怕無法生下來，因此要拿出勇氣，甘冒自己生命的危險迎接新生兒，這樣的女性難道真是幾個月前，我頭一次見到時看似少不經事、小女孩似的同一人？女性的改變真大。生產是讓女性變為母親的過程，非常崇高而又美麗。

最近希望能夠參與盛會，在女性身旁守護著女性的生產，一起迎接新生命的男性增加了。因「我的孩子經過如此辛苦的過程才生下來」而感動得落淚。

也有不少人在分娩室時產生一種今後我將要和這個人一起愛護、守護嬰兒的父親自覺。

生產是一生中最棒的事情

雖然**少子化**的現象正在進行中，對女性而言，懷孕、生產可能是一生中只會經歷一、二次的大事，而且也是無可取代的生命誕生之瞬間。因此，請妳千萬不要認為「不應該會這樣」，或者是「**我的人生就此結束了**」。

不管對生產的人而言是第幾次的「生產」，對於嬰兒而言都只是一次的「出生」。所以最好有一個很棒的開始。希望各位懷孕之後就要有一種「總算有了孩子」「有了嬰兒，家裡每天都會很快樂」的談話，同時要做好覺悟和準備以迎接一個新的家人。要兩人一起來品嘗這種快樂的生產經驗以及育兒的快樂。

為什麼避孕的書會談到懷孕呢？也許會有人感覺很奇怪。如果不知道為什麼會懷孕的構造，就很難了解避孕法了。

為了好好了解避孕法，或者真的很想要孩子時，就必須知道懷孕的構造和懷孕前的注意事項，而本章將會為各位探討。

少子化

這幾年來由於出生率降低，顯示子女數目減少的現象，稱為少子化。女性很難生兒育女是國內社會環境的一大問題，所以最好建立一個容易生產、容易生兒育女的環境。

我的人生就此結束了

還沒有出現成熟大人文化的社會象徵，就是女性必須要考慮工作或者成為母親，一定要二選一。女性本身有種強烈意識，認為生下孩子之後就是「變成歐巴桑了」「不是女人了」。即使成為母親仍然是女性，包括內在和生活方式在內，一定要走出自己的人生，這樣就能夠肯定每一個年齡階段的自我。

月經發生的構造

首先我們就來探討一下「來的時候覺得很煩惱，但是不來又覺得不安」的煩人月經。

排卵、月經以及懷孕，都是由於卵巢、子宮等女性性器和作用於該處的四種女性荷爾蒙功能所引起的。會有一些比較難懂的字眼，但是請各位慢慢的看下去吧。

掌管女性荷爾蒙根源的司令塔在腦中的**丘腦下部**器官。接受丘腦下部的指令而釋放出荷爾蒙的，就是位於丘腦下部附近的**腦下垂體**。

卵巢中有數十萬個成為卵子根源的**原始卵泡**。為了使這些未成熟的原始卵泡成熟為卵子，丘腦下部會送出訊息，由腦下垂體分泌**卵泡刺激素（ＦＳＨ）**。這個卵泡刺激素透過血液運送到卵巢，不過只對一個原始卵泡發揮作用、促進卵泡成熟。

這時藉著卵泡刺激素的刺激，卵泡會分泌出**雌激素（卵泡**

丘腦下部
間腦的一部分，如郵票般大的臟器。是荷爾蒙分泌的控制塔。

腦下垂體
從丘腦下部垂掛下來的臟器，如小指頭般大。分泌性腺刺激荷爾蒙或副腎皮質荷爾蒙等。

原始卵泡
從胎兒時代就具有的卵巢之卵子根源。藉著性腺刺激荷爾蒙的作用變成成熟卵泡，釋放出卵子來。

卵泡刺激素（ＦＳＨ）
由腦下垂體分泌的荷爾蒙，給予卵巢內原始卵泡刺激，促進卵泡成熟。

素）雌激素對子宮產生作用，分泌頸管粘液使子宮內膜增厚、受精卵容易著床，也就是做好懷孕的準備。

雌激素大量分泌到血液中，接收到這個訊息之後，腦下垂體就會抑制卵泡刺激素的分泌。

由於卵泡刺激素分泌減少，腦下垂體就會分泌**促黃體生成素（ＬＨ）**，作用於卵巢。成熟卵泡由於促黃體生成素的刺激而破裂，卵子釋出，這就是排卵。排卵後的卵子立刻被吸入輸卵管中，在此等待精子的來臨（請參考一一四頁圖）。

無法遇到精子之卵子的行蹤

由於促黃體生成素的刺激，卵子釋出之後的卵泡藉著促黃體生成素的作用製造出黃色的**黃體**，然後開始分泌**黃體酮（黃體素）**。這個荷爾蒙接受雌激素的作用，使得子宮內膜更為增厚，做好受精卵可以隨時著床的準備。

雌激素（卵泡素）

在原始卵泡成長期間，由卵泡分泌出來的荷爾蒙。與毛髮、骨骼、脂質的代謝有關。

促黃體生成素（ＬＨ）

由腦下垂體分泌的荷爾蒙，會刺激成熟卵泡，促進排卵。

黃　體

放出卵子（排卵）之後的卵泡在卵巢內變化而成的。好像熟蛋黃似的。

黃體酮（黃體素）

由黃體等分泌出來的荷爾蒙。這個荷爾蒙具有使體溫上升的作用，所以排卵後的基礎體溫會上升。是維持懷孕必要的物質。

子宮內膜變厚，做好著床的準備之後，有時受精卵卻不會著床（這種情況非常多）。卵巢中黃體的壽命約為十四天，然後會縮小、變白。黃體壽命結束的同時，雌激素和黃體酮的分泌急速降低，藉此二種荷爾蒙支撐而形成的子宮內膜，從表面開始剝落，成為月經排出體外。

月經開始的同時，為了準備新的月經週期，腦下垂體又分泌新的卵泡刺激素刺激卵泡。

引起月經的構造

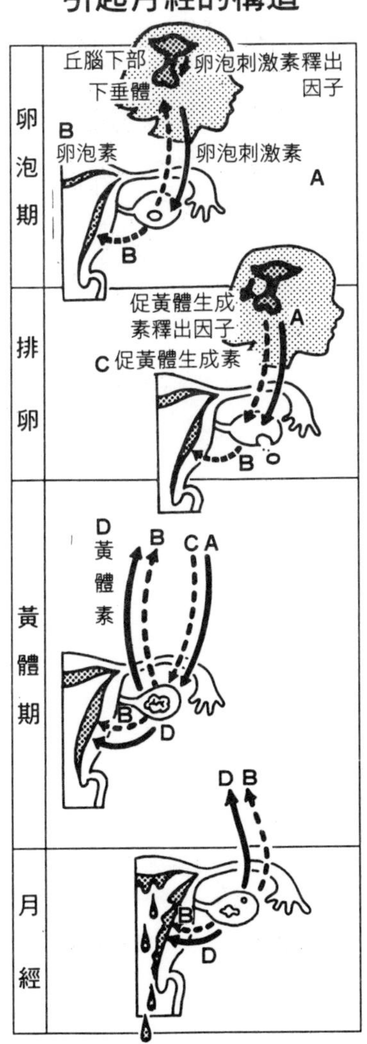

排卵到著床

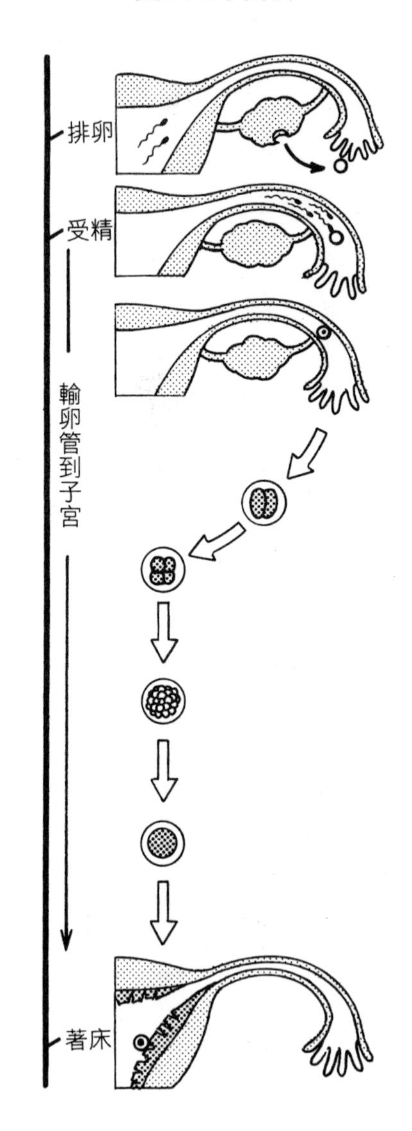

受精卵著床於子宮內膜才算是懷孕

這些功能是女性為了懷孕而進行的生命活動。卵巢的數萬個原始卵泡當中，能夠成為卵泡的只有四百個。而且只有數個能與精子相遇成為受精卵，所以這個卵子非常幸運。

這個幸運的卵子後來情況如何呢？我們再繼續看下去。

遇到精子合體後形成受精卵，反覆細胞分裂，大約六～七天內從輸卵管移到子宮，著床在由雌激素和黃體酮增厚的子宮內膜。著床之後，懷孕才能成立。著床之後的受精卵於此利用**絨毛**紮根、製造**胎盤**。

藉著絨毛的影響，卵巢中的黃體不會萎縮，成為妊娠黃體，持續分泌黃體酮，黃體酮具有增厚保護受精卵的牆壁——子宮內膜的作用。

射精後的精子朝向卵子開始奮鬥之旅

我們從精子方面來看受精的情況。經由性行為而引起的射精，一次約有二億～三億個大量精子由陰莖釋放到陰道內。精子從陰道通過子宮頸管部侵入子宮內，朝著在輸卵管等待的卵子拼命前進。

陰道內保持酸性，篩選出有元氣的精子。由子宮入口通過子宮頸管部到達子宮內的精子約有二億個，能夠到達子宮上部的只有六千個，能夠進入輸卵管內的只有幾百個。

絨　毛

著床於子宮內膜的受精卵會放出如毛根般的細小突起物，固定受精卵，同時也可從這吸收母體的營養。其中的一部分日後會成為胎盤。

胎　盤

懷孕時，母體可經由此供給胎兒營養、氧，送出老廢物及二氧化碳。還可分泌荷爾蒙，使懷孕能夠繼續下去，約可持續四十週。

孕吐

懷孕初期會出現的胃腸障礙。沒有食慾、胸鬱悶、胃不舒服等等，不過有很大的個人差異，有的人完全沒有感覺，有的人甚至完全無法吃東西，非常嚴重。通常到了懷孕中期就會停止，只要觀察經過，大多不需要特別的治療。

以三億分之一的機會取勝，最早到達卵子的精子在受精的瞬間，卵子會張開膜不讓其他的精子進入。受精後的受精卵開始細胞分裂，藉著輸卵管的運動朝向子宮送出。

著床時已經懷孕三週

懷孕的週數從最後一次月經的第一天開始算起，懷孕〇～一週時期，肚裡沒有胎兒或實際上根本沒有排卵。二週左右引起排卵，一旦受精，第三週左右著床，懷孕才算成立。

剛受精後的受精卵反覆細胞分裂，整個子宮已經做好了孕育胎兒的準備，但是要花四～七週的時間，也就是經過了器官形成期才能夠進行中樞神經或心臟、腎臟等臟器，以及眼、耳、口等身體各器官的成形基礎作業。

懷孕四～五週時，平常好好量基礎體溫的人，會發現高溫期持續三週以上，這時才察覺到懷孕，不過大部分的人都是「咦，月經該來怎麼沒有來，似乎有點慢了」。不知道自己的胎內居然進行如此重要、辛苦的作業。

大約在六～八週時受診

預定月經過了一週～十天左右時，有的人會出現一種胃腸障礙的症狀，也就是**孕吐**。胃覺得很不舒服、月經遲來，難道是……，因此到婦產科就診。

不管是否有由市售的**懷孕判定藥**來判定，總之，當妳懷疑「是不是懷孕了」時，就要趕緊到醫院診察。在醫院可以經由醫師的問診與內診、**超音波檢查**、尿液檢查等輔助檢查來診斷是否為正常懷孕。

體調不好時可能是懷孕了

「月經怎麼還沒來啊，可是我不可能會懷孕啊」，雖然有進行性行為的記憶，卻有很多女性認為不會懷孕。

嬰兒在胎內拚命萌芽的時期覺得胃不舒服（這是孕吐的現象

懷孕判定藥

懷孕初期絨毛組織會分泌大量的性腺刺激荷爾蒙，排泄到尿中。可由尿液做懷孕的診斷，在預定月經之後，也就是懷孕四週左右會變成陽性。可以在藥局買到這種藥物，很多女性用來當成接受醫師診察前的參考。

超音波檢查

將頻率較高的音波（超音波）朝向身體內部發出，把傳回來的音波進行畫像處理，檢查臟器狀態的方法。也稱為ECHO。婦產科利用超音波裝置進行懷孕的診斷，檢查經過。懷孕四週以後可以確認胎兒袋、胎囊，藉此判斷是否懷孕。

），卻服用市售的胃藥或感冒藥。神經質的人甚至擔心「這是異常狀況，也許是得了不好的病，必須照照X光」。

懷孕四～七週時，是受精卵最容易受到外界刺激的微妙時期。知道懷孕後，有很多孕婦因為自己服用藥物而感到後悔。

通常沒什麼問題，所以不用為了服用幾天市售藥而動墮胎手術，但是為了避免懷孕時一直擔心誤服的藥物，最好儘早發現自己懷孕。

最近有不少孕婦因為春天的花粉症而煩惱，不知道懷孕而服用藥物。打噴嚏、流鼻水很痛苦，但是，想懷孕的話一定要避免服用藥物。例如，眼藥水、鼻子噴霧劑等等，藉著使用於局部的藥物來停止這些症狀，是這時期最好的作法。

做X光檢查會大量暴露在放射線中，可能會成為胎兒障礙的原因。雖說牙齒的X光是微量，但是不免暴露在放射線中。如果必須做X光檢查，最好在月經開始日算起十天內的排卵前，絕對不會懷孕的時期接受檢查。

為了避免懷孕期間過於擔心，從排卵到下一次月經的時期，如果不避孕，要抱持一種隨時都有可能懷孕的心態，調整體調來度過這段時間。

懷孕前應該做好的事項

考慮懷孕的人，在懷孕前要做好以下的事項，以免到時候後悔或焦急。

①ＳＴＤ（性感染症）檢查

感到擔心的人，與伴侶二人要做**愛滋病等的檢查**，確認是否為陽性。

②有宿疾的人要與醫師商量

有心臟疾病、糖尿病、**甲狀腺機能障礙**、腎炎等疾病的人，可能會因為懷孕、生產而使疾病復發或使症狀更嚴重。所以懷孕之前要先與主治醫師商量，確認是否可以懷孕，有必要的話，可以得到懷孕、生產所需要的控制或支持。

愛滋病檢查

調查是否感染愛滋病的檢查。正確説法是「ＨＩＶ檢查」，抽血調查是否有ＨＩＶ抗體（陽體）。現在眾人對愛滋病的了解與以前相比較深，所以可在顧及個人隱私的狀況下接受檢查。

甲狀腺機能障礙

促進體內各種物質代謝的荷爾蒙是由喉嚨前端的臟器——甲狀腺分泌出來的。其功能因為某種原因而降低時，就會出現月經不順等障礙。

③最好先做完牙齒治療

孕吐時期或生產前後當然不能治療牙齒。因為有時必須要進行麻醉治療，所以要先做好牙齒治療之後再懷孕。

④減少煙、酒的攝取量

懷孕之後一定要戒煙。

酒精會通過胎盤移到胎兒的體內，喝一點無妨，但是不可大量飲酒。

懷孕前當然不會對胎兒造成影響，懷孕之後就要立刻戒除，也許有時無法立刻戒掉，但是決定要懷孕時就必須減少抽煙、控制飲酒量，儘可能戒煙、戒酒。

●現代的擔心事「環境荷爾蒙」

環境荷爾蒙就是會出現類似荷爾蒙的作用，阻礙生物正常荷爾蒙機能的化學物質。除了雌激素作用導致自然界生物的雌化之外，人類的精巢癌或生殖器的畸形、精子數的減少、野生動物的生殖機能異常等等都是問題。而現階段才剛開始進行與化學物質之間因果關係的正式調查。

從英國的河川中檢出雌激素樣的物質，因此，開始檢討避孕丸和環境荷爾蒙的因果關係。在日本，甚至有些環境保護團體，向日本厚生省提出禁止使用避孕丸的要求。不過根據調查的結果，這個代謝物和避孕丸沒有關係。

此外，服用避孕丸的女性，尿中的合成雌激素幾乎也沒有檢出這一類的荷爾蒙（英國所調查），即使有也只是微量，占壓倒性多數的則是天然的雌激素。女性懷孕四十週所排出來的尿液，雌激素含量為服用避孕丸者的一萬倍。此外，母乳中檢查出戴奧辛，結果有母親怕到不敢再授乳了，不過專家認為這樣子做會切斷母子間重要的繫絆。

現在是資訊交錯的時代，忽略了本質的事物，只聽到環境荷爾蒙就叫嚷著「好可怕」、「禁止使用避孕丸」，這是不對的，一定要掌握正確的情報，以大局的眼光來判斷狀況、決定事物。

重建健康

新名詞「重建健康」

看到本書，也許有人會心想「重建健康，聽都沒有聽過，到底是什麼呢」。這個名詞和概念於一九九四年的聯合國**國際人口開發會議**（**開羅會議**）中才廣為人知。是新的名詞，很難直接加以翻譯，目前無法確實的表現出來。不過其具有極深的含義。

「重建健康」的定義應該是「不光要重視生殖過程中的疾病或異常，也要重視身體、精神及社會完善的狀態」。這是基於W HO（**世界衛生組織**）的健康定義而提出的「與性及生殖有關的

國際人口開發會議（開羅會議）

與世界人口有關的聯合國會議。一九九四年開羅會議中，共有一百八十三個國家代表以及約一萬人NGO參加。話題包括開發中國家為主的世界人口急增問題，並且提出了共十六章的行動計畫。

WHO（世界衛生組織）

關於保健衛生方面的聯合國專門機構。總部位於日內瓦。

健康」意義。不光是懷孕、生產、避孕、不孕、墮胎等與生殖有關的一切，全都包括在內的廣泛概念。

這本書不是教科書，所以極力避免一些道理的討論，我想以「重建健康」和稍後提出的「重建權利」為主題，來探討一下該怎麼樣和自己的身體好好相處。

接受「生產性」，好好的生活著

初經——頭一次月經——來臨時，不知道大家有何想法？是高興嗎？還是感覺「終於來了！」接著每個月每個月，就算妳不叫它，月經也是不請自來，然後又離去了。

我會當成一種習慣來加以接受，學生時代上游泳課時可能在旁觀摩，工作之後，月經時仍然必須要工作。月經是男性所沒有，而成熟女性大約要和它相處四十年的現象，我們對這個事實感到很驚訝。即使不見得月經＝懷孕，但是或多或少，女性都會因為月經來臨而產生一種「生產性」的實際感覺。

身為女性，不管妳喜不喜歡有這種身體，妳的確具有懷孕、生產的機能。而我所謂的重建健康就是希望妳能夠保持這種女性的特性機能，同時身體和精神都活得很健康，活得更像自己。

自己的身體，自己有決定權

重建權利則是指具有「生產性」的女性，為了身體、精神都能健康的活著，而有自己決定自己身體的權利。具體而言就是「要不要生孩子，何時生孩子，要和誰生孩子，要用何種方法來生產等等，都由當事者本人決定」。

此外，「與國籍、階級、民族、人權、年齡、宗教、障礙、性別、婚姻的有無完全無關，應該要擁有社會、經濟、政治各方面的保證」，這就是我的定義。

談到國籍、階級，對於國內和平的我們而言也許會覺得無關，但是我認為某種權利不光是在日本有效而已，應該是整個世界都具有共通的認識，所以我才使用重建權利這個名詞。將目光轉向世界，會發現有些國家把女性當成是生產的道具。有些國家基於國策，甚至規定孩子的數目。與這些國家相比，我國醫療設備萬全，有很多人會認為自己的身體當然由自己來決定，根本不必去考慮國籍、階級……。

只有日本不允許使用避孕丸

日本雖有保障母子健康的法律，但是卻沒有保障女性健康的法律。沒有懷孕狀態的女性（避孕的人，不孕症或很難懷孕的人，停經的人），其健康並沒有得到法律的保障。更具體而言，聯合國加盟國當中不允許使用避孕丸的「先進國家」只有日本。

以往亞洲的兩個國家北韓、日本都不允許，但是北韓卻有援助的避孕丸，只剩下日本不允許這麼做了。聯合國機構中的**聯合國人口基金（UNFPA）**之世界人口白皮書，於一九九七年指出「日本什麼時候允許使用避孕丸呢」？日本終於到達一個「不允許使用避孕丸的最後秘境」的地步。

聯合國人口基金（UNFPA）

聯合國關於人口方面的技術援助機構。負責世界人口行動計畫的推進、監視，整備關於家庭計畫的情報活動、統計收集。

國際家庭計畫聯盟（IPPF）

International Planned Parenthood Federation 的簡稱，一九五二年成立，為世界性家庭計畫團體的龍頭老大。

國際家庭計畫聯盟（IPPF）於一九九五年發表「關於性與生殖權利的IPPF憲章」（請參考一三四頁）。在第八章清楚的指出「所有的人為了防止無計畫的懷孕，可以擁有自由選擇使用安全、容易接受的方法之權利」。

就如同有的人認為「因為避孕丸有副作用而感到很害怕，所以想用保險套避孕」，或有的人認為「保險套會破壞氣氛，想利用方便的避孕藥避孕」。由於政府不允許，所以無法用避孕藥避孕。很明顯的剝奪了「自由選擇使用的權利」。

我們的重建權利一定要重新評估

不光是許可避孕丸的問題。強調男女平等，但在日常生活中卻仍然殘留著因為**性別造成的差別待遇**。也許婆婆會對妳說：「希望妳能生個男孩子繼承家業，結果卻生女孩。」會不會有人因此而受到傷害呢？請妳熟讀IPPF憲章的第三章第三項。

也許未婚夫會對妳說：「雖然妳很喜歡工作，但是有了孩子

性別造成的差別待遇

日本關於避孕的情報和方法都不流通，這是因為女性地位較低。根據UNDP（聯合國開發計畫）開發指標，顯示基本能力的HDI（人類開發指數）為世界排名第三，但是表示女性能力是否能夠發揮的GEM則排名三十七，非常落後。最容易成為男女之間問題的都與懷孕、生產有關，一直保持這種狀態，不光是避孕，連女性的健康都無法獲得改善。

之後希望妳能夠辭去工作、走入家庭。」會不會因此而煩惱、放棄婚約呢？在公司面談時，「女性會因為結婚、生產而辭去工作，因此不錄用女性」，聽到對方這麼說，妳會不會懊惱的淚流滿面……。尤其是在想要裁減人員的公司中，矛頭都會指向立場較弱、也許會生產和懷孕的女性，職場上的差別其實非常陰濕、巧妙。而這明顯的和第三章第七項、第九章第八項抵觸。

女性逐漸改變了

國內還有很多非常順從、忍耐力極強的女性，認為「只要我忍耐，一切都能夠委屈求全」，認為委屈自己是一種美德的表現。如果妳真的有這種想法，而且事後不會怨恨的說「當時我是大家的犧牲品」，那麼我無話可說。

但如果妳事後後悔，認為「當時誰、誰、誰這麼說，所以我必須這麼做」的話，那麼妳應該在當場提出反駁的理論，拿出勇氣來說「這麼做不是很可笑嗎」。

我想，今後會展現這種行動的女性必大量增加，也就是不要成為社會製造出來的女性，而要活得更像自己，希望妳不要成為女性開闢各道路的絆腳石。

女性的生活並不輕鬆

不希望成為男性心目中的理想女性，而希望活得更像自己的女性增加了。我真的非常佩服這些女性，同時也勸各位成為「聰明的女性」。要發揮女性的特性，甘願做個女人。

關於懷孕時期的選擇，這是女性的責任。取得生產休假和育兒休假，因懷孕而暫時離職，要體貼一起工作的伙伴，要擁有社會的責任感。否則可能會因為妳的懷孕、生產而連累周遭眾人。

為了活得更像自己，該選擇何種伴侶呢？兩人是否要孩子或何時生孩子呢？經常把自己的人生擺在自己的手邊，有時候也要製造出一個讓步的環境，將與周遭眾人的摩擦、誤解降至最低限度，為了以合邏輯的方式說明自己的立場，要努力得到必要的情報與知識。

這才是聰明的表現，如此才會對自己所選擇的人生感到驕傲，而且誠實、遵從自己選擇的女性。

避孕、墮胎、生產、不孕都是女性可能發生的事

醫療有了顯著的進步，以往不可能辦到的事情現在都有可能辦到了。從治療疾病的醫療變成預防疾病的醫療，「身體」並不是自己創造出來的，有時無法隨心所欲的運用。結婚之後暫時不想懷孕的話會拼命避孕，而想懷孕的時候卻無法懷孕，只好進行**不孕治療**，或是因不孕症而看門診好幾年，等到完全放棄，開始重新建立一個只有夫妻二人的新生活形態時，卻又突然懷孕，因不能生下孩子而感到困擾……。

也許不是這麼極端，但像這樣的例子比比皆是。一些因不想要的懷孕而進行墮胎手術的患者，過了幾年之後，因為沒有孩子結果又到醫院就診。這是婦產科診察室經常遇到的情況。婦產科

不孕治療

關於不孕治療並沒有完善的法律，也沒有適當的諮詢服務，而且所施行的是昂貴的自由診療制度。由於並不在健康保險內，因此，為了治療必須負擔全部的費用。少子化成為問題，不孕治療又會對患者造成很大的負擔，很多人因為經濟的因素而放棄治療。

是所有的決定都在於妳的診療科。

女性只有「懷孕、生產、授乳期」與「其他時期」二種時期，不管是避孕或是不孕，稱呼雖不同，但指的都是沒有懷孕。

太過執著於眼前的事情，則人類和其他動物又有何不同呢——身體成熟可以懷孕、生產之後，就決定生下孩子，為下一代留下種子，看似非常單純的事情——卻容易被忽略。

此外，我還必須謙虛的承認，有時候真的不能如願以償，這也算是自然神奇之處。

避孕是「不自然」的行為

雌性動物成熟之後就可懷孕。也就是大部分成熟女性的身體都可以懷孕。而避孕則相反，是屬於比較「個別」的狀況，所以沒有什麼自然的避孕法。

避孕本身就是「不自然」的事情，為了希望活得更像自己的意志，身體還要適用這種「不自然」的做法。現代進步的醫療，的確可以提供確實、正確的避孕方法。

過去有很多女性基於「生產性」的束縛，再加上醫療無法充分的支援，雖然想活得像自己，但在數年內，不，數十年內都過著懷孕、生產、育兒的生活，沒有辦法隨心所欲而鬱鬱寡歡。不只是國內，世界上所有的女性都無法避免這種命運。

有些母親甚至告訴女兒「不希望妳嘗到與我同樣的悲哀」，新的一代藉著新的想法發揮了新的作用，產生了重建健康——權利的概念，整個世界都改變了。現在可以說是過渡期內。

避孕法只是避免懷孕的方法。簡單而又確實的避孕法，能夠使女性的意識和自由度完全改變。擁有各種避孕法的確實知識，正確使用，則不論是「懷孕、生產、授乳期」或是「個別」的狀況時，都能夠活得更像自己。

雖然可悲，但是必要的事項？——人工墮胎手術——

墮胎有罪嗎？

「墮胎」是將懷孕的胎兒用鉗子等刮出體外，將其拿掉的行為，國內有所謂的「**墮胎罪**」，也就是拿掉孩子的女性以及幫助者都會犯罪，這個法律目前依然存在（奇怪的是要為懷孕負一半責任的男性卻不會被問罪）。實際上動人工墮胎手術的女性和醫師不會受處罰。

既然有罪為何不會受處罰呢？因為還有「**母體保護法**」法律的存在。這個法律的第十四條中，規定基於身體、經濟的理由，不能持續懷孕、生產的女性，或因暴行、脅迫而懷孕的女性，可由指定醫師進行墮胎手術。日本所進行的墮胎手術，百分之九十九都是基於母體保護的經濟理由，剩下的百分之一則是因為被強暴……，也適用於母體保護法，不適用墮胎罪的範圍。雖然「墮胎罪」依然存在，女性卻可以比較簡單、合法的進行安全墮胎手術。不要去找不合法的密醫

墮胎罪

一八八〇年日本實施舊刑法第二十九章，制定了墮胎罪。一九〇七年修訂，但是直到現在，仍然維持著取締女性墮胎以及進行手術醫師的法律。

母體保護法

過了四十九年之後，一九九六年六月終於修訂了限制人工墮胎手術的優生保護法，變成了「母體保護法」。優生保護法包括「防止生下不良子孫」的意義，而新法將這些關於優生思想的條文、字句都刪除掉了。

進行危險的墮胎，可能會損傷身體，造成事後無法挽回的錯誤，所以由合法的醫師進行墮胎手術也沒什麼不好。

ＩＰＰＦ憲章規定「有接受安全人工墮胎手術的權利」。墮胎罪雖然存在，但還是允許大多數的「例外」。從重建權利的觀點來看，應該要重新評估人工墮胎的問題了。

醫師對於人工墮胎手術的看法

先前已經敘述過「要不要生孩子，何時生，要和誰生，採用何種方法生產」的決定權應該掌握於女性手中，懷孕而不想生的話，最後選擇墮胎手術也是女性的權利。不過，絕對沒有人為了想墮胎而懷孕。如果不想墮胎就應該用確實的方法來避孕。

在不得已的狀況下，女性應該有權利選擇墮胎。但這個選擇卻伴隨著使寄宿在自己身體中的小生命消失。實際感受到這種可貴生命的人，或是重視自己、重視伴侶的人，我相信她一定會認真的考慮避孕問題。

關於性與生殖權利的IPPF憲章

（根據社團法人日本家庭計畫協會　發行「性的權利、生殖的權利是什麼」選粹）

第一章　生存權利

第二章　關於個人自由與安全的權利

二—一　所有的人要充分考慮他人的權利，在人生當中自由的享受關於性與生殖的事項，同時有加以控制的權利。

二—六　所有的人都有不受強制懷孕、動不孕手術或人工墮胎手術的權利。

第三章　平等的權利以及不接受所有形態差別的權利

三—三　所有的女性或女孩，有得到一生中適當營養與照顧的權利，關於劣等意識或者是執著於固定觀念的男女性角色，以及其他差別的偏見、習慣、實踐，有自由取決的權利。

三—七　所有的女性基於懷孕、生產、育兒的理由，有在社會、家庭、職場免於差別待遇的權利。

第四章　個人隱私的權利

第五章　關於思想自由的權利

第六章　接受情報與教育的權利

六—三　所有的人對於懷孕、生產調節、預防無計畫懷孕的所有方法，具有獲得其優點、效果、危險等相關情報的權利。

第七章　關於婚姻與家族形成的選擇權利

第八章　關於是否生兒育女，何時生產的決定權利

八—三　所有的人為了防止無計畫的懷孕，可以擁有自由選擇使用安全、容易接受的方法之權利。

第九章　接受健康照顧、保護健康的權利

九—二　所有的人，包括安全的人工墮胎手術在內，所有的懷孕、生產調節法，以及接受ＨＩＶ／包括愛滋病等性感染症的診斷與治療在內，擁有享受健康照顧及服務的權利。

九—八　所有工作的母親，擁有得到有給的生產休假，或者是適當社會保障恩惠下的生產休假之權利。

第十章　享受科學進步恩惠的權利

十一所有的人對於包括不孕、避孕、人工墮胎手術的照顧在內，如果不使用重建健康照顧相關技術，會對健康造成不良影響，此時應該利用並接受技術之恩惠。

第十一章　關於參加集會與政治的自由之權利

第十二章　不接受拷問及不當待遇的權利

【作者介紹】

早乙女智子

1961 年　出生於日本東京。

1986 年　畢業於筑波大學醫學專門學群。在國立國際醫療中心婦產科研究了 5 年。

1991 年　在東京都職員互助組織青山醫院婦產科服務，直到現在。

1997 年　協助『探討性與健康的女性專家會』的創立，負責事務局工作。從世界上的日本、家族中的女性二種觀點來研究家庭計畫、人口問題、母子保健問題。擁有二個孩子，丈夫是內科醫師。

索引

※粗黑數字代表解說頁數

（以筆劃順序排列）

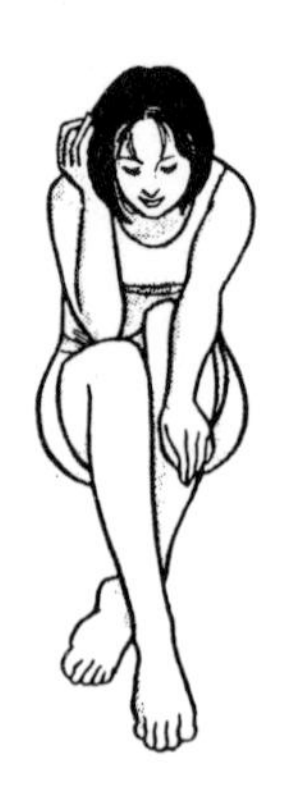

大展出版社有限公司
品冠文化出版社

圖書目錄

地址：台北市北投區(石牌)
致遠一路二段12巷1號
電話：(02)28236031
28236033
郵撥：0166955～1
傳真：(02)28272069

・法律專欄連載・電腦編號 58

台大法學院 法律學系／策劃
法律服務社／編著

1. 別讓您的權利睡著了 1 200 元
2. 別讓您的權利睡著了 2 200 元

・秘傳占卜系列・電腦編號 14

1. 手相術 淺野八郎著 180 元
2. 人相術 淺野八郎著 180 元
3. 西洋占星術 淺野八郎著 180 元
4. 中國神奇占卜 淺野八郎著 150 元
5. 夢判斷 淺野八郎著 150 元
6. 前世、來世占卜 淺野八郎著 150 元
7. 法國式血型學 淺野八郎著 150 元
8. 靈感、符咒學 淺野八郎著 150 元
9. 紙牌占卜學 淺野八郎著 150 元
10. ESP 超能力占卜 淺野八郎著 150 元
11. 猶太數的秘術 淺野八郎著 150 元
12. 新心理測驗 淺野八郎著 160 元
13. 塔羅牌預言秘法 淺野八郎著 200 元

・趣味心理講座・電腦編號 15

1. 性格測驗① 探索男與女 淺野八郎著 140 元
2. 性格測驗② 透視人心奧秘 淺野八郎著 140 元
3. 性格測驗③ 發現陌生的自己 淺野八郎著 140 元
4. 性格測驗④ 發現你的真面目 淺野八郎著 140 元
5. 性格測驗⑤ 讓你們吃驚 淺野八郎著 140 元
6. 性格測驗⑥ 洞穿心理盲點 淺野八郎著 140 元
7. 性格測驗⑦ 探索對方心理 淺野八郎著 140 元
8. 性格測驗⑧ 由吃認識自己 淺野八郎著 160 元
9. 性格測驗⑨ 戀愛知多少 淺野八郎著 160 元

10. 性格測驗⑩ 由裝扮瞭解人心　淺野八郎著　160元
11. 性格測驗⑪ 敲開內心玄機　淺野八郎著　140元
12. 性格測驗⑫ 透視你的未來　淺野八郎著　160元
13. 血型與你的一生　淺野八郎著　160元
14. 趣味推理遊戲　淺野八郎著　160元
15. 行為語言解析　淺野八郎著　160元

・婦 幼 天 地・電腦編號 16

1. 八萬人減肥成果　黃靜香譯　180元
2. 三分鐘減肥體操　楊鴻儒譯　150元
3. 窈窕淑女美髮秘訣　柯素娥譯　130元
4. 使妳更迷人　成　玉譯　130元
5. 女性的更年期　官舒妍編譯　160元
6. 胎內育兒法　李玉瓊編譯　150元
7. 早產兒袋鼠式護理　唐岱蘭譯　200元
8. 初次懷孕與生產　婦幼天地編譯組　180元
9. 初次育兒 12 個月　婦幼天地編譯組　180元
10. 斷乳食與幼兒食　婦幼天地編譯組　180元
11. 培養幼兒能力與性向　婦幼天地編譯組　180元
12. 培養幼兒創造力的玩具與遊戲　婦幼天地編譯組　180元
13. 幼兒的症狀與疾病　婦幼天地編譯組　180元
14. 腿部苗條健美法　婦幼天地編譯組　180元
15. 女性腰痛別忽視　婦幼天地編譯組　150元
16. 舒展身心體操術　李玉瓊編譯　130元
17. 三分鐘臉部體操　趙薇妮著　160元
18. 生動的笑容表情術　趙薇妮著　160元
19. 心曠神怡減肥法　川津祐介著　130元
20. 內衣使妳更美麗　陳玄茹譯　130元
21. 瑜伽美姿美容　黃靜香編著　180元
22. 高雅女性裝扮學　陳珮玲譯　180元
23. 蠶糞肌膚美顏法　坂梨秀子著　160元
24. 認識妳的身體　李玉瓊譯　160元
25. 產後恢復苗條體態　居理安・芙萊喬著　200元
26. 正確護髮美容法　山崎伊久江著　180元
27. 安琪拉美姿養生學　安琪拉蘭斯博瑞著　180元
28. 女體性醫學剖析　增田豐著　220元
29. 懷孕與生產剖析　岡部綾子著　180元
30. 斷奶後的健康育兒　東城百合子著　220元
31. 引出孩子幹勁的責罵藝術　多湖輝著　170元
32. 培養孩子獨立的藝術　多湖輝著　170元
33. 子宮肌瘤與卵巢囊腫　陳秀琳編著　180元
34. 下半身減肥法　納他夏・史達賓著　180元
35. 女性自然美容法　吳雅菁編著　180元

36. 再也不發胖	池園悅太郎著	170 元
37. 生男生女控制術	中垣勝裕著	220 元
38. 使妳的肌膚更亮麗	楊　皓編著	170 元
39. 臉部輪廓變美	芝崎義夫著	180 元
40. 斑點、皺紋自己治療	高須克彌著	180 元
41. 面皰自己治療	伊藤雄康著	180 元
42. 隨心所欲瘦身冥想法	原久子著	180 元
43. 胎兒革命	鈴木丈織著	180 元
44. NS 磁氣平衡法塑造窈窕奇蹟	古屋和江著	180 元
45. 享瘦從腳開始	山田陽子著	180 元
46. 小改變瘦 4 公斤	宮本裕子著	180 元
47. 軟管減肥瘦身	高橋輝男著	180 元
48. 海藻精神秘美容法	劉名揚編著	180 元
49. 肌膚保養與脫毛	鈴木真理著	180 元
50. 10 天減肥 3 公斤	彤雲編輯組	180 元
51. 穿出自己的品味	西村玲子著	280 元
52. 小孩髮型設計	李芳黛譯	250 元

・青春天地・電腦編號 17

1. A 血型與星座	柯素娥編譯	160 元
2. B 血型與星座	柯素娥編譯	160 元
3. O 血型與星座	柯素娥編譯	160 元
4. AB 血型與星座	柯素娥編譯	120 元
5. 青春期性教室	呂貴嵐編譯	130 元
7. 難解數學破題	宋釗宜編譯	130 元
9. 小論文寫作秘訣	林顯茂編譯	120 元
11. 中學生野外遊戲	熊谷康編著	120 元
12. 恐怖極短篇	柯素娥編譯	130 元
13. 恐怖夜話	小毛驢編譯	130 元
14. 恐怖幽默短篇	小毛驢編譯	120 元
15. 黑色幽默短篇	小毛驢編譯	120 元
16. 靈異怪談	小毛驢編譯	130 元
17. 錯覺遊戲	小毛驢編著	130 元
18. 整人遊戲	小毛驢編著	150 元
19. 有趣的超常識	柯素娥編譯	130 元
20. 哦！原來如此	林慶旺編譯	130 元
21. 趣味競賽 100 種	劉名揚編譯	120 元
22. 數學謎題入門	宋釗宜編譯	150 元
23. 數學謎題解析	宋釗宜編譯	150 元
24. 透視男女心理	林慶旺編譯	120 元
25. 少女情懷的自白	李桂蘭編譯	120 元
26. 由兄弟姊妹看命運	李玉瓊編譯	130 元
27. 趣味的科學魔術	林慶旺編譯	150 元

28. 趣味的心理實驗室	李燕玲編譯	150 元
29. 愛與性心理測驗	小毛驢編譯	130 元
30. 刑案推理解謎	小毛驢編譯	180 元
31. 偵探常識推理	小毛驢編譯	180 元
32. 偵探常識解謎	小毛驢編譯	130 元
33. 偵探推理遊戲	小毛驢編譯	180 元
34. 趣味的超魔術	廖玉山編著	150 元
35. 趣味的珍奇發明	柯素娥編著	150 元
36. 登山用具與技巧	陳瑞菊編著	150 元
37. 性的漫談	蘇燕謀編著	180 元
38. 無的漫談	蘇燕謀編著	180 元
39. 黑色漫談	蘇燕謀編著	180 元
40. 白色漫談	蘇燕謀編著	180 元

・健康天地・電腦編號 18

1. 壓力的預防與治療	柯素娥編譯	130 元
2. 超科學氣的魔力	柯素娥編譯	130 元
3. 尿療法治病的神奇	中尾良一著	130 元
4. 鐵證如山的尿療法奇蹟	廖玉山譯	120 元
5. 一日斷食健康法	葉慈容編譯	150 元
6. 胃部強健法	陳炳崑譯	120 元
7. 癌症早期檢查法	廖松濤譯	160 元
8. 老人痴呆症防止法	柯素娥編譯	130 元
9. 松葉汁健康飲料	陳麗芬編譯	130 元
10. 揉肚臍健康法	永井秋夫著	150 元
11. 過勞死、猝死的預防	卓秀貞編譯	130 元
12. 高血壓治療與飲食	藤山順豐著	180 元
13. 老人看護指南	柯素娥編譯	150 元
14. 美容外科淺談	楊啟宏著	150 元
15. 美容外科新境界	楊啟宏著	150 元
16. 鹽是天然的醫生	西英司郎著	140 元
17. 年輕十歲不是夢	梁瑞麟譯	200 元
18. 茶料理治百病	桑野和民著	180 元
19. 綠茶治病寶典	桑野和民著	150 元
20. 杜仲茶養顏減肥法	西田博著	150 元
21. 蜂膠驚人療效	瀨長良三郎著	180 元
22. 蜂膠治百病	瀨長良三郎著	180 元
23. 醫藥與生活(一)	鄭炳全著	180 元
24. 鈣長生寶典	落合敏著	180 元
25. 大蒜長生寶典	木下繁太郎著	160 元
26. 居家自我健康檢查	石川恭三著	160 元
27. 永恆的健康人生	李秀鈴譯	200 元
28. 大豆卵磷脂長生寶典	劉雪卿譯	150 元

29. 芳香療法	梁艾琳譯	160元
30. 醋長生寶典	柯素娥譯	180元
31. 從星座透視健康	席拉・吉蒂斯著	180元
32. 愉悅自在保健學	野本二士夫著	160元
33. 裸睡健康法	丸山淳士等著	160元
34. 糖尿病預防與治療	藤田順豐著	180元
35. 維他命長生寶典	菅原明子著	180元
36. 維他命C新效果	鐘文訓編	150元
37. 手、腳病理按摩	堤芳朗著	160元
38. AIDS瞭解與預防	彼得塔歇爾著	180元
39. 甲殼質殼聚糖健康法	沈永嘉譯	160元
40. 神經痛預防與治療	木下真男著	160元
41. 室內身體鍛鍊法	陳炳崑編著	160元
42. 吃出健康藥膳	劉大器編著	180元
43. 自我指壓術	蘇燕謀編著	160元
44. 紅蘿蔔汁斷食療法	李玉瓊編著	150元
45. 洗心術健康秘法	竺翠萍編譯	170元
46. 枇杷葉健康療法	柯素娥編譯	180元
47. 抗衰血癒	楊啟宏著	180元
48. 與癌搏鬥記	逸見政孝著	180元
49. 冬蟲夏草長生寶典	高橋義博著	170元
50. 痔瘡・大腸疾病先端療法	宮島伸宜著	180元
51. 膠布治癒頑固慢性病	加瀨建造著	180元
52. 芝麻神奇健康法	小林貞作著	170元
53. 香煙能防止癡呆？	高田明和著	180元
54. 穀菜食治癌療法	佐藤成志著	180元
55. 貼藥健康法	松原英多著	180元
56. 克服癌症調和道呼吸法	帶津良一著	180元
57. B型肝炎預防與治療	野村喜重郎著	180元
58. 青春永駐養生導引術	早島正雄著	180元
59. 改變呼吸法創造健康	原久子著	180元
60. 荷爾蒙平衡養生秘訣	出村博著	180元
61. 水美肌健康法	井戶勝富著	170元
62. 認識食物掌握健康	廖梅珠編著	170元
63. 痛風劇痛消除法	鈴木吉彥著	180元
64. 酸莖菌驚人療效	上田明彥著	180元
65. 大豆卵磷脂治現代病	神津健一著	200元
66. 時辰療法—危險時刻凌晨4時	呂建強等著	180元
67. 自然治癒力提升法	帶津良一著	180元
68. 巧妙的氣保健法	藤平墨子著	180元
69. 治癒C型肝炎	熊田博光著	180元
70. 肝臟病預防與治療	劉名揚編著	180元
71. 腰痛平衡療法	荒井政信著	180元
72. 根治多汗症、狐臭	稻葉益巳著	220元

73. 40 歲以後的骨質疏鬆症　沈永嘉譯　180 元
74. 認識中藥　松下一成著　180 元
75. 認識氣的科學　佐佐木茂美著　180 元
76. 我戰勝了癌症　安田伸著　180 元
77. 斑點是身心的危險信號　中野進著　180 元
78. 艾波拉病毒大震撼　玉川重德著　180 元
79. 重新還我黑髮　桑名隆一郎著　180 元
80. 身體節律與健康　林博史著　180 元
81. 生薑治萬病　石原結實著　180 元
82. 靈芝治百病　陳瑞東著　180 元
83. 木炭驚人的威力　大槻彰著　200 元
84. 認識活性氧　井土貴司著　180 元
85. 深海鮫治百病　廖玉山編著　180 元
86. 神奇的蜂王乳　井上丹治著　180 元
87. 卡拉 OK 健腦法　東潔著　180 元
88. 卡拉 OK 健康法　福田伴男著　180 元
89. 醫藥與生活㈡　鄭炳全著　200 元
90. 洋蔥治百病　宮尾興平著　180 元
91. 年輕 10 歲快步健康法　石塚忠雄著　180 元
92. 石榴的驚人神效　岡本順子著　180 元
93. 飲料健康法　白鳥早奈英著　180 元
94. 健康棒體操　劉名揚編譯　180 元
95. 催眠健康法　蕭京凌編著　180 元
96. 鬱金（美王）治百病　水野修一著　180 元
97. 醫藥與生活㈢　鄭炳全著　200 元

・實用女性學講座・電腦編號 19

1. 解讀女性內心世界　島田一男著　150 元
2. 塑造成熟的女性　島田一男著　150 元
3. 女性整體裝扮學　黃靜香編著　180 元
4. 女性應對禮儀　黃靜香編著　180 元
5. 女性婚前必修　小野十傳著　200 元
6. 徹底瞭解女人　田口二州著　180 元
7. 拆穿女性謊言 88 招　島田一男著　200 元
8. 解讀女人心　島田一男著　200 元
9. 俘獲女性絕招　志賀貢著　200 元
10. 愛情的壓力解套　中村理英子著　200 元
11. 妳是人見人愛的女孩　廖松濤編著　200 元

・校園系列・電腦編號 20

1. 讀書集中術　多湖輝著　180 元

2. 應考的訣竅　多湖輝著　150元
3. 輕鬆讀書贏得聯考　多湖輝著　150元
4. 讀書記憶秘訣　多湖輝著　150元
5. 視力恢復！超速讀術　江錦雲譯　180元
6. 讀書36計　黃柏松編著　180元
7. 驚人的速讀術　鐘文訓編著　170元
8. 學生課業輔導良方　多湖輝著　180元
9. 超速讀超記憶法　廖松濤編著　180元
10. 速算解題技巧　宋釗宜編著　200元
11. 看圖學英文　陳炳崑編著　200元
12. 讓孩子最喜歡數學　沈永嘉譯　180元
13. 催眠記憶術　林碧清譯　180元
14. 催眠速讀術　林碧清譯　180元
15. 數學式思考學習法　劉淑錦譯　200元
16. 考試憑要領　劉孝暉著　180元
17. 事半功倍讀書法　王毅希著　200元
18. 超金榜題名術　陳蒼杰譯　200元
19. 靈活記憶術　林耀慶編著　180元

・實用心理學講座・電腦編號21

1. 拆穿欺騙伎倆　多湖輝著　140元
2. 創造好構想　多湖輝著　140元
3. 面對面心理術　多湖輝著　160元
4. 偽裝心理術　多湖輝著　140元
5. 透視人性弱點　多湖輝著　140元
6. 自我表現術　多湖輝著　180元
7. 不可思議的人性心理　多湖輝著　180元
8. 催眠術入門　多湖輝著　150元
9. 責罵部屬的藝術　多湖輝著　150元
10. 精神力　多湖輝著　150元
11. 厚黑說服術　多湖輝著　150元
12. 集中力　多湖輝著　150元
13. 構想力　多湖輝著　150元
14. 深層心理術　多湖輝著　160元
15. 深層語言術　多湖輝著　160元
16. 深層說服術　多湖輝著　180元
17. 掌握潛在心理　多湖輝著　160元
18. 洞悉心理陷阱　多湖輝著　180元
19. 解讀金錢心理　多湖輝著　180元
20. 拆穿語言圈套　多湖輝著　180元
21. 語言的內心玄機　多湖輝著　180元
22. 積極力　多湖輝著　180元

・超現實心理講座・電腦編號 22

1.	超意識覺醒法	詹蔚芬編譯	130 元
2.	護摩秘法與人生	劉名揚編譯	130 元
3.	秘法！超級仙術入門	陸明譯	150 元
4.	給地球人的訊息	柯素娥編著	150 元
5.	密教的神通力	劉名揚編著	130 元
6.	神秘奇妙的世界	平川陽一著	200 元
7.	地球文明的超革命	吳秋嬌譯	200 元
8.	力量石的秘密	吳秋嬌譯	180 元
9.	超能力的靈異世界	馬小莉譯	200 元
10.	逃離地球毀滅的命運	吳秋嬌譯	200 元
11.	宇宙與地球終結之謎	南山宏著	200 元
12.	驚世奇功揭秘	傅起鳳著	200 元
13.	啟發身心潛力心象訓練法	栗田昌裕著	180 元
14.	仙道術遁甲法	高藤聰一郎著	220 元
15.	神通力的秘密	中岡俊哉著	180 元
16.	仙人成仙術	高藤聰一郎著	200 元
17.	仙道符咒氣功法	高藤聰一郎著	220 元
18.	仙道風水術尋龍法	高藤聰一郎著	200 元
19.	仙道奇蹟超幻像	高藤聰一郎著	200 元
20.	仙道鍊金術房中法	高藤聰一郎著	200 元
21.	奇蹟超醫療治癒難病	深野一幸著	220 元
22.	揭開月球的神秘力量	超科學研究會	180 元
23.	西藏密教奧義	高藤聰一郎著	250 元
24.	改變你的夢術入門	高藤聰一郎著	250 元
25.	21 世紀拯救地球超技術	深野一幸著	250 元

・養 生 保 健・電腦編號 23

1.	醫療養生氣功	黃孝寬著	250 元
2.	中國氣功圖譜	余功保著	250 元
3.	少林醫療氣功精粹	井玉蘭著	250 元
4.	龍形實用氣功	吳大才等著	220 元
5.	魚戲增視強身氣功	宮　嬰著	220 元
6.	嚴新氣功	前新培金著	250 元
7.	道家玄牝氣功	張　章著	200 元
8.	仙家秘傳袪病功	李遠國著	160 元
9.	少林十大健身功	秦慶豐著	180 元
10.	中國自控氣功	張明武著	250 元
11.	醫療防癌氣功	黃孝寬著	250 元
12.	醫療強身氣功	黃孝寬著	250 元
13.	醫療點穴氣功	黃孝寬著	250 元

14. 中國八卦如意功　趙維漢著　180元
15. 正宗馬禮堂養氣功　馬禮堂著　420元
16. 秘傳道家筋經內丹功　王慶餘著　280元
17. 三元開慧功　辛桂林著　250元
18. 防癌治癌新氣功　郭　林著　180元
19. 禪定與佛家氣功修煉　劉天君著　200元
20. 顛倒之術　梅自強著　360元
21. 簡明氣功辭典　吳家駿編　360元
22. 八卦三合功　張全亮著　230元
23. 朱砂掌健身養生功　楊永著　250元
24. 抗老功　陳九鶴著　230元
25. 意氣按穴排濁自療法　黃啟運編著　250元
26. 陳式太極拳養生功　陳正雷著　200元
27. 健身祛病小功法　王培生著　200元
28. 張式太極混元功　張春銘著　250元
29. 中國璇密功　羅琴編著　250元

・社會人智囊・電腦編號 24

1. 糾紛談判術　清水增三著　160元
2. 創造關鍵術　淺野八郎著　150元
3. 觀人術　淺野八郎著　180元
4. 應急詭辯術　廖英迪編著　160元
5. 天才家學習術　木原武一著　160元
6. 貓型狗式鑑人術　淺野八郎著　180元
7. 逆轉運掌握術　淺野八郎著　180元
8. 人際圓融術　澀谷昌三著　160元
9. 解讀人心術　淺野八郎著　180元
10. 與上司水乳交融術　秋元隆司著　180元
11. 男女心態定律　小田晉著　180元
12. 幽默說話術　林振輝編著　200元
13. 人能信賴幾分　淺野八郎著　180元
14. 我一定能成功　李玉瓊譯　180元
15. 獻給青年的嘉言　陳蒼杰譯　180元
16. 知人、知面、知其心　林振輝編著　180元
17. 塑造堅強的個性　坂上肇著　180元
18. 為自己而活　佐藤綾子著　180元
19. 未來十年與愉快生活有約　船井幸雄著　180元
20. 超級銷售話術　杜秀卿譯　180元
21. 感性培育術　黃靜香編著　180元
22. 公司新鮮人的禮儀規範　蔡媛惠譯　180元
23. 傑出職員鍛鍊術　佐佐木正著　180元
24. 面談獲勝戰略　李芳黛譯　180元
25. 金玉良言撼人心　森純大著　180元

26. 男女幽默趣典　劉華亭編著　180元
27. 機智說話術　劉華亭編著　180元
28. 心理諮商室　柯素娥譯　180元
29. 如何在公司崢嶸頭角　佐佐木正著　180元
30. 機智應對術　李玉瓊編著　200元
31. 克服低潮良方　坂野雄二著　180元
32. 智慧型說話技巧　沈永嘉編著　180元
33. 記憶力、集中力增進術　廖松濤編著　180元
34. 女職員培育術　林慶旺編著　180元
35. 自我介紹與社交禮儀　柯素娥編著　180元
36. 積極生活創幸福　田中真澄著　180元
37. 妙點子超構想　多湖輝著　180元
38. 說NO的技巧　廖玉山編著　180元
39. 一流說服力　李玉瓊編著　180元
40. 般若心經成功哲學　陳鴻蘭編著　180元
41. 訪問推銷術　黃靜香編著　180元
42. 男性成功秘訣　陳蒼杰編著　180元
43. 笑容、人際智商　宮川澄子著　180元
44. 多湖輝的構想工作室　多湖輝著　200元
45. 名人名語啟示錄　喬家楓著　180元
46. 口才必勝術　黃柏松編著　220元
47. 能言善道的說話術　章智冠編著　180元
48. 改變人心成為贏家　多湖輝著　200元
49. 說服的ＩＱ　沈永嘉譯　200元
50. 提升腦力超速讀術　齊藤英治著　200元
51. 操控對手百戰百勝　多湖輝著　200元
52. 面試成功戰略　柯素娥編著　200元
53. 摸透男人心　劉華亭編著　180元
54. 撼動人心優勢口才　龔伯牧編著　180元

·精選系列·電腦編號25

1. 毛澤東與鄧小平　渡邊利夫等著　280元
2. 中國大崩裂　江戶介雄著　180元
3. 台灣·亞洲奇蹟　上村幸治著　220元
4. 7-ELEVEN高盈收策略　國友隆一著　180元
5. 台灣獨立（新·中國日本戰爭一）　森詠著　200元
6. 迷失中國的末路　江戶雄介著　220元
7. 2000年5月全世界毀滅　紫藤甲子男著　180元
8. 失去鄧小平的中國　小島朋之著　220元
9. 世界史爭議性異人傳　桐生操著　200元
10. 淨化心靈享人生　松濤弘道著　220元
11. 人生心情診斷　賴藤和寬著　220元
12. 中美大決戰　檜山良昭著　220元

13. 黃昏帝國美國　莊雯琳譯　220 元
14. 兩岸衝突（新・中國日本戰爭二）　森詠著　220 元
15. 封鎖台灣（新・中國日本戰爭三）　森詠著　220 元
16. 中國分裂（新・中國日本戰爭四）　森詠著　220 元
17. 由女變男的我　虎井正衛著　200 元
18. 佛學的安心立命　松濤弘道著　220 元
19. 世界喪禮大觀　松濤弘道著　280 元
20. 中國內戰（新・中國日本戰爭五）　森詠著　220 元
21. 台灣內亂（新・中國日本戰爭六）　森詠著　220 元
22. 琉球戰爭①（新・中國日本戰爭七）　森詠著　220 元
23. 琉球戰爭②（新・中國日本戰爭八）　森詠著　220 元

・運動遊戲・電腦編號 26

1. 雙人運動　李玉瓊譯　160 元
2. 愉快的跳繩運動　廖玉山譯　180 元
3. 運動會項目精選　王佑京譯　150 元
4. 肋木運動　廖玉山譯　150 元
5. 測力運動　王佑宗譯　150 元
6. 游泳入門　唐桂萍編著　200 元
7. 帆板衝浪　王勝利譯　300 元

・休閒娛樂・電腦編號 27

1. 海水魚飼養法　田中智浩著　300 元
2. 金魚飼養法　曾雪玫譯　250 元
3. 熱門海水魚　毛利匡明著　480 元
4. 愛犬的教養與訓練　池田好雄著　250 元
5. 狗教養與疾病　杉浦哲著　220 元
6. 小動物養育技巧　三上昇著　300 元
7. 水草選擇、培育、消遣　安齊裕司著　300 元
8. 四季釣魚法　釣朋會著　200 元
9. 簡易釣魚入門　張果馨譯　200 元
10. 防波堤釣入門　張果馨譯　220 元
20. 園藝植物管理　船越亮二著　220 元
30. 汽車急救ＤＩＹ　陳瑞雄編著　200 元
31. 巴士旅行遊戲　陳羲編著　180 元
32. 測驗你的ＩＱ　蕭京凌編著　180 元
33. 益智數字遊戲　廖玉山編著　180 元
40. 撲克牌遊戲與贏牌秘訣　林振輝編著　180 元
41. 撲克牌魔術、算命、遊戲　林振輝編著　180 元
42. 撲克占卜入門　王家成編著　180 元
50. 兩性幽默　幽默選集編輯組　180 元

51. 異色幽默	幽默選集編輯組	180 元

・銀髮族智慧學・電腦編號 28

1. 銀髮六十樂逍遙	多湖輝著	170 元
2. 人生六十反年輕	多湖輝著	170 元
3. 六十歲的決斷	多湖輝著	170 元
4. 銀髮族健身指南	孫瑞台編著	250 元
5. 退休後的夫妻健康生活	施聖茹譯	200 元

・飲 食 保 健・電腦編號 29

1. 自己製作健康茶	大海淳著	220 元
2. 好吃、具藥效茶料理	德永睦子著	220 元
3. 改善慢性病健康藥草茶	吳秋嬌譯	200 元
4. 藥酒與健康果菜汁	成玉編著	250 元
5. 家庭保健養生湯	馬汴梁編著	220 元
6. 降低膽固醇的飲食	早川和志著	200 元
7. 女性癌症的飲食	女子營養大學	280 元
8. 痛風者的飲食	女子營養大學	280 元
9. 貧血者的飲食	女子營養大學	280 元
10. 高脂血症者的飲食	女子營養大學	280 元
11. 男性癌症的飲食	女子營養大學	280 元
12. 過敏者的飲食	女子營養大學	280 元
13. 心臟病的飲食	女子營養大學	280 元
14. 滋陰壯陽的飲食	王增著	220 元
15. 胃、十二指腸潰瘍的飲食	勝健一等著	280 元
16. 肥胖者的飲食	雨宮禎子等著	280 元

・家庭醫學保健・電腦編號 30

1. 女性醫學大全	雨森良彥著	380 元
2. 初為人父育兒寶典	小瀧周曹著	220 元
3. 性活力強健法	相建華著	220 元
4. 30 歲以上的懷孕與生產	李芳黛編著	220 元
5. 舒適的女性更年期	野末悅子著	200 元
6. 夫妻前戲的技巧	笠井寬司著	200 元
7. 病理足穴按摩	金慧明著	220 元
8. 爸爸的更年期	河野孝旺著	200 元
9. 橡皮帶健康法	山田晶著	180 元
10. 三十三天健美減肥	相建華等著	180 元
11. 男性健美入門	孫玉祿編著	180 元
12. 強化肝臟秘訣	主婦の友社編	200 元

13. 了解藥物副作用	張果馨譯	200元
14. 女性醫學小百科	松山榮吉著	200元
15. 左轉健康法	龜田修等著	200元
16. 實用天然藥物	鄭炳全編著	260元
17. 神秘無痛平衡療法	林宗駛著	180元
18. 膝蓋健康法	張果馨譯	180元
19. 針灸治百病	葛書翰著	250元
20. 異位性皮膚炎治癒法	吳秋嬌譯	220元
21. 禿髮白髮預防與治療	陳炳崑編著	180元
22. 埃及皇宮菜健康法	飯森薰著	200元
23. 肝臟病安心治療	上野幸久著	220元
24. 耳穴治百病	陳抗美等著	250元
25. 高效果指壓法	五十嵐康彥著	200元
26. 瘦水、胖水	鈴木園子著	200元
27. 手針新療法	朱振華著	200元
28. 香港腳預防與治療	劉小惠譯	250元
29. 智慧飲食吃出健康	柯富陽編著	200元
30. 牙齒保健法	廖玉山編著	200元
31. 恢復元氣養生食	張果馨譯	200元
32. 特效推拿按摩術	李玉田著	200元
33. 一週一次健康法	若狹真著	200元
34. 家常科學膳食	大塚滋著	220元
35. 夫妻們閱讀的男性不孕	原利夫著	220元
36. 自我瘦身美容	馬野詠子著	200元
37. 魔法姿勢益健康	五十嵐康彥著	200元
38. 眼病錘療法	馬栩周著	200元
39. 預防骨質疏鬆症	藤田拓男著	200元
40. 骨質增生效驗方	李吉茂編著	250元
41. 蕺菜健康法	小林正夫著	200元
42. 赧於啟齒的男性煩惱	增田豐著	220元
43. 簡易自我健康檢查	稻葉允著	250元
44. 實用花草健康法	友田純子著	200元
45. 神奇的手掌療法	日比野喬著	230元
46. 家庭式三大穴道療法	刑部忠和著	200元
47. 子宮癌、卵巢癌	岡島弘幸著	220元
48. 糖尿病機能性食品	劉雪卿編著	220元
49. 奇蹟活現經脈美容法	林振輝編譯	200元
50. Super SEX	秋好憲一著	220元
51. 了解避孕丸	林玉佩譯	200元
52. 有趣的遺傳學	蕭京凌編著	200元
53. 強身健腦手指運動	羅群等著	250元
54. 小周天健康法	莊雯琳譯	200元
55. 中西醫結合醫療	陳蒼杰譯	200元
56. 沐浴健康法	楊鴻儒譯	200元

嘗好書 冠群可期 品嘗好書 冠群可期 品嘗好書 冠群可
品嘗好書 冠群可期 品嘗好書 冠群可期 品嘗好書 冠群
嘗好書 冠群可期 品嘗好書 冠群可期 品嘗好書 冠群可
品嘗好書 冠群可期 品嘗好書 冠群可期 品嘗好書 冠群
嘗好書 冠群可期 品嘗好書 冠群可期 品嘗好書 冠群可
品嘗好書 冠群可期 品嘗好書 冠群可期 品嘗好書 冠群
嘗好書 冠群可期 品嘗好書 冠群可期 品嘗好書 冠群可
品嘗好書 冠群可期 品嘗好書 冠群可期 品嘗好書 冠群
嘗好書 冠群可期 品嘗好書 冠群可期 品嘗好書 冠群可
品嘗好書 冠群可期 品嘗好書 冠群可期 品嘗好書 冠群
嘗好書 冠群可期 品嘗好書 冠群可期 品嘗好書 冠群可
品嘗好書 冠群可期 品嘗好書 冠群可期 品嘗好書 冠群
嘗好書 冠群可期 品嘗好書 冠群可期 品嘗好書 冠群可
品嘗好書 冠群可期 品嘗好書 冠群可期 品嘗好書 冠群
嘗好書 冠群可期 品嘗好書 冠群可期 品嘗好書 冠群可
品嘗好書 冠群可期 品嘗好書 冠群可期 品嘗好書 冠群
嘗好書 冠群可期 品嘗好書 冠群可期 品嘗好書 冠群可
品嘗好書 冠群可期 品嘗好書 冠群可期 品嘗好書 冠群
嘗好書 冠群可期 品嘗好書 冠群可期 品嘗好書 冠群可
品嘗好書 冠群可期 品嘗好書 冠群可期 品嘗好書 冠群
嘗好書 冠群可期 品嘗好書 冠群可期 品嘗好書 冠群可
品嘗好書 冠群可期 品嘗好書 冠群可期 品嘗好書 冠群
嘗好書 冠群可期 品嘗好書 冠群可期 品嘗好書 冠群可